W0263482

BAND 198

Werner Dück

Diskrete Optimierung

Mit 23 Abbildungen und 4 Tabellen

AKADEMIE-VERLAG · BERLIN

Reihe MATHEMATIK UND PHYSIK

Herausgeber:

Prof. Dr. phil. habil. W. Holzmüller, Leipzig

Prof. Dr. phil. habil. A. Lösche, Leipzig

Prof. Dr. phil. habil. H. Reichardt, Berlin

Prof. Dr. phil. habil. K. Schröder, Berlin

Prof. Dr. phil. habil. K. Schröter, Berlin

Prof. Dr. rer. nat. habil. H.-J. Treder, Potsdam

Verfasser:

Prof. Dr. rer. nat. habil. Werner Dück

Hochschule für Ökonomie „Bruno Leuschner", Berlin

1977

© Akademie-Verlag Berlin 1977

Softcover reprint of the hardcover 1st edition

ISBN 978-3-528-06826-4   ISBN 978-3-322-85497-1 (eBook)

DOI 10.1007/978-3-322-85497-1

Lizenznummer: 202 · 100/427/77

Herstellung: VEB Druckhaus Köthen, 437 Köthen

Bestellnummer: 762 2181 (7198) · LSV 1084

Printed in GDR

DDR 8,— M

Vorwort

Neben den Problemen der linearen Optimierung hat wohl die diskrete Optimierung unter den mathematischen Optimierungsmethoden die größte praktische Aufmerksamkeit gefunden. Das ist sicher nicht zuletzt in der Tatsache begründet, daß viele Modelle der linearen Optimierung automatisch zu Aufgaben der diskreten Optimierung führen, wenn die Ganzzahligkeit für gewisse Modellvariablen gefordert wird. Eine derartige Ganzzahligkeitsforderung ergibt sich aber häufig aus der ökonomischen Problemsituation. So lassen sich z.B. bei der Lösung eines Transportproblems nur ganze Anzahlen von Güterwagen einsetzen; die Planung eines Investitionsprojektes läßt nur den Einsatz ganzer Zahlen von Maschinen oder den Bau ganzer Zahlen von Fabrikanlagen ökonomisch relevant erscheinen; die Planung des Bedarfs von Arbeitskräften kann mit der Ganzzahligkeitsforderung verbunden sein. Daher ist es keineswegs vielfach die Frage, ob die Ganzzahligkeit gewisser Modellvariablen ökonomisch als gegeben angesehen werden kann. Vielmehr werfen die sich beim Lösungsprozeß ergebenden Komplikationen das Problem auf, ob der Verzicht auf diese Ganzzahligkeitsforderung ökonomisch möglich erscheint. Weiterhin hat eine Reihe von diskreten Optimierungsmodellen kombinatorischen Charakters das Interesse der Anwender an derartigen Optimierungsmethoden gefördert, da sie einfache und praktisch wichtige Problemsituationen beschreiben.

Methoden der diskreten Optimierung sind heute bereits Gegenstand einer Fülle von Publikationen. Es gibt Monographien und umfassende Darstellungen selbst zu Teilproblemen der diskreten Optimierung und ihrer Anwendung. Daher bin ich wohl dem Leser die Antwort auf die Frage schuldig, von welcher Zielstellung ich im folgenden ausgehen möchte. Es ist mein Anliegen, allen interessierten Lesern zu helfen, sich in den Problemstellungen der diskreten Optimierung zurechtzufinden und sich über typische Modellsituationen zu informieren. Ich möchte dem Leser einen Einblick in die Lösungsmethoden der diskreten Optimierung vermitteln, auf Schwierigkeiten im numerischen Lösungsprozeß aufmerksam machen und — soweit möglich — eine allgemeine Beurteilung der Leistungsfähigkeit der verschiedenen Lösungsmethoden anstreben. Bei einem so weiten Programm sind sinnvolle Einschränkungen schon vom Umfang des Taschenbuches her geboten. Aber ich richte mich auch nicht an den Leser, der tiefer in gewisse Methoden der diskreten Optimierung eindringen möchte. Ich werde mich im allgemeinen darauf beschränken müssen, die Grundgedanken der Verfahren zu erläutern und bewußt auf eine genauere Beschreibung des algorithmischen Ablaufes verzichten. Nicht jeder, der sich für die diskrete Optimierung interessiert, hat gleich die Absicht, selbst mit derartigen Lösungsmethoden zu arbeiten. Aber eine ausreichende Kenntnis über die Lösungsmöglichkeiten der diskreten Optimierung ist auch für den sich an der praktischen Anwendung orientierenden Leser dringend notwendig. Das ist in der Tatsache begründet, daß im methodologischen Ablauf der Anwendung der Operationsforschung bei Bezugnahme auf die diskrete Optimierung die Lösungsmethoden meist in hohem Maße mit der Modellierung rückgekoppelt sind. Vielfach stehen die Lösungsmöglichkeiten der diskreten Optimierung noch weit hinter den praktischen Bedürfnissen zurück. Wer diese Tatsache nicht berücksichtigt, läuft Gefahr, Modelle der diskreten Optimierung aufzustellen, für die es keine mit vertretbarem Aufwand verbundenen Lösungsmöglichkeiten gibt und die folglich einen praktikablen Reifegrad noch nicht erreicht haben.

Die mathematischen Voraussetzungen für das Verständnis dieses Taschenbuches beschränken sich auf Grundkenntnisse der linearen Algebra, linearen Optimierung und numerischen Mathematik. Auf Grund meines konzeptionellen Herangehens sind selbst genauere algorithmische Kenntnisse der Simplexmethode nicht erforderlich, obwohl derartige·Methoden auch bei der Lösung diskreter Optimierungsaufgaben häufige Verwendung finden. Beim praktischen Bezug beschränke ich mich ausschließlich auf ökonomische Problemstellungen, ohne damit andeuten zu wollen, daß die diskrete Optimierung nur für ökonomische Anwendungen von Interesse ist.

Ich hoffe, daß dieses Taschenbuch dazu beitragen wird, das Verständnis für die Möglichkeiten und Problemstellungen der diskreten Optimierung zu fördern. Dem Akademie-Verlag — und insbesondere Fräulein HELLE — gebührt mein Dank für das stetige Interesse an meinen Publikationen und das bereitwillige Eingehen auf meine Wünsche.

W. DÜCK

Berlin, im Mai 1976

Inhaltsverzeichnis

1.   Problemstellungen der diskreten Optimierung

1.1. Einleitende Bemerkungen

Die diskrete Optimierung ist ein noch relativ junges, sich aber stürmisch entwickelndes Teilgebiet der mathematischen Optimierung. So wie man das Jahr 1939, in dem der sowjetische Mathematiker L. W. KANTOROWITSCH eine allgemeine Lösungsmethode für Aufgaben der linearen Optimierung entwickelte, im allgemeinen als Geburtsstunde der linearen Optimierung ansieht, kann man das Jahr 1958 als Geburtsstunde der diskreten Optimierung bezeichnen. In diesem Jahre wurde nämlich von R. E. GOMORY [19] eine erste brauchbare Methode zur Lösung ganzzahliger Optimierungsaufgaben entwickelt. Das zunehmende Interesse, das die diskrete Optimierung in den folgenden Jahren gefunden hat, ist wohl hauptsächlich in den beiden nachstehenden Tatsachen begründet:

1. Es gibt eine Fülle von praktischen Anwendungsmöglichkeiten der diskreten Optimierung. Die Modellsituationen der diskreten Optimierung sind so unterschiedlich und vielseitig, daß selbst spezielle Modelle die Basis für umfangreiche eigenständige Untersuchungen bilden.
2. Die numerische Lösung diskreter Optimierungsaufgaben bereitet bisweilen erhebliche Schwierigkeiten, so daß es heute noch keine allseitig leistungsfähigen Lösungsverfahren gibt. Daher werden immer wieder neue Bemühungen unternommen, die Praktikabilität diskreter Optimierungsmodelle durch Verbesserung der Lösungsalgorithmen zu erhöhen.

Unter diesen beiden Gesichtspunkten können auch die meisten Publikationen eingeteilt werden. So stellen die mathematischen Publikationen zur diskreten Optimierung im wesentlichen einen Beitrag zur Theorie der numerischen Lösungsverfahren dar. Die Publikationen angewandten Charakters beinhalten hauptsächlich die Beschreibung praktischer Problemsituationen durch Modelle der diskreten Optimierung. Aber soweit diese Modellkonstrukteure die bestehenden Lösungsmöglichkeiten völlig außer acht lassen, laufen sie Gefahr, daß alle ihre Bemühungen praktisch bedeutungslos werden. Ein typisches Beispiel hierfür bilden die Maschinenbelegungsprobleme. Die dabei aufgestellten Modelle erreichen bisweilen eine solche Kompliziertheit und Größenordnung, daß sie als numerisch unlösbar angesehen werden müssen.

Es gibt in der Hauptsache zwei Ursachen für das Auftreten diskreter Optimierungsprobleme:

1. Gewisse Variablen sind nicht beliebig teilbar, und ihr diskreter Charakter muß bei der Modellierung als wesentlich angesehen werden.
2. Der kombinatorische Charakter des Problems.

Die nicht beliebige Teilbarkeit gewisser Variablen ist bei vielen ökonomischen Aufgaben von selbst verständlich. So kann man nicht 1,73 Krananlagen produzieren oder 2,51 Schiffe exportieren. Wenn nun diese Diskretheit gewisser Variablen bei der Beschreibung des Problems als wesentlich gewertet werden muß, sprechen wir von *Problemen mit Diskretheitsforderungen*. Meist wird sich diese Diskretheit in einer Forderung nach Ganzzahligkeit ausdrücken, weshalb man sie dann auch *Probleme mit Ganzzahligkeitsforderungen* nennt. Die Lösungsmethoden der mathematischen Optimierung werden im allgemeinen zu einer Lösung führen, die den vorliegenden Diskretheitsforderungen nicht genügt. Es steht hier noch außerhalb unserer Erörterungen, inwieweit sich durch Rundung eine Lösung ergibt, die sowohl den praktischen Bedürfnissen als auch den Diskretheitsforderungen genügt.

Bei den *kombinatorischen Problemen* ergibt sich die Diskretheit automatisch aus der Tatsache, daß man bei derartigen Aufgabenstellungen unter endlich vielen Varianten die optimalen auswählen muß. Zu den kombinatorischen Problemen gehören z. B. die bekannten Reihenfolge- oder Rundreisemodelle. Eine Rundung von Lösungswerten kombinatorischer Aufgaben erscheint sinnlos. Würde sich z. B. beim Lösungsprozeß eines Reihenfolgeproblems ergeben, daß im nächsten Schritt das Produkt 2,74 auf der Maschine zu bearbeiten ist, läßt sich die Rundung auf das Produkt mit der Nummer 3 inhaltlich kaum begründen.

Diese Gesichtspunkte haben dazu geführt, daß man anstelle von *diskreten Optimierungsmodellen* auch vielfach von *ganzzahligen Optimierungsmodellen* oder *kombinatorischen Modellen* spricht. Bisweilen werden diese drei Bezeichnungen in der Literatur als gleichwertig verwendet. Wir werden im folgenden in ihnen einen gewissen Unterschied auch dann sehen, wenn es mathematische Möglichkeiten gibt, den einen Problemtyp in den anderen zu überführen.

1.2. *Mathematische Klassifizierung diskreter Optimierungsprobleme*

Nachdem wir bereits den Begriff der diskreten Optimierung wiederholt verwendet haben, wollen wir durch die nachfolgende Definition eine gesicherte Ausgangsbasis für unsere weiteren Betrachtungen schaffen.

Definition 1: *In der diskreten Optimierung ist das Maximum oder Minimum einer Zielfunktion*

$$Z = f(x_1, x_2, \ldots, x_n) \tag{1}$$

über einer Menge M_d von Elementen

$$x = (x_1, x_2, \ldots, x_n)$$

des n-dimensionalen Vektorraumes R^n zu bestimmen, wobei einige oder alle Variablen nur diskrete Werte annehmen dürfen. Die Elemente der Menge M_d werden zulässige Lösungen der diskreten Optimierungsaufgabe genannt. M_d heißt

Menge der zulässigen Lösungen der diskreten Optimierungsaufgabe.

Zur Lösung diskreter Optimierungsaufgaben hat man also innerhalb der Menge M_d die optimalen Elemente $x^* \in M_d$ zu bestimmen, für die bei einem Maximumproblem

$$Z(x^*) = \max_{x \in M_d} Z(x)$$

gilt.

Eine erste Einschränkung erfahren die Probleme der diskreten Optimierung durch die Erklärung *kombinatorischer Optimierungsaufgaben.*

Definition 2: *Bei einem kombinatorischen Optimierungsproblem ist das Maximum oder Minimum der Zielfunktion (1) über einer endlichen Menge M_d von Elementen des n-dimensionalen Vektorraumes zu bestimmen.*

Die Definition enthält keine Vorschrift, in welcher Weise die Vorgabe der Menge M_d zu erfolgen hat. Wichtig ist nur, daß M_d eine *endliche* Menge ist. Automatisch beinhaltet die Definition, daß *alle* Variablen nur diskrete Werte annehmen können. Bei den meisten praktischen Anwendungen wird die Zielfunktion (1) eine lineare Funktion der Variablen sein.

Vielfach ist die Menge M_d durch ein System von Gleichungen und/oder Ungleichungen sowie durch die Vorgabe von gewissen Diskretheitsbedingungen festgelegt. Das führt uns zur Erklärung von *Optimierungsproblemen mit Diskretheitsforderungen.*

Definition 3: *Bei einem Optimierungsproblem mit Diskretheitsforderungen ist das Maximum oder Minimum der Zielfunktion (1) zu bestimmen, wobei die Menge M_d durch die Nebenbedingungen*

$$g_i(x_1, x_2, \ldots, x_n) = 0, \quad i = 1, 2, \ldots, m_1 \tag{2}$$

$$g_i(x_1, x_2, \ldots, x_n) \leqq 0, \quad i = m_1 + 1, m_1 + 2, \ldots, m \tag{3}$$

sowie durch gewisse Diskretheitsbedingungen für einige oder alle Variablen gegeben ist.

Damit unterscheiden sich Optimierungsprobleme mit Diskretheitsforderungen von nichtlinearen Optimierungsaufgaben lediglich durch das Hinzutreten der Diskretheitsbedingungen.

Die Definition von Optimierungsproblemen mit Diskretheitsforderungen ist sehr allgemein, und es ist naheliegend, Einschränkungen in zwei Richtungen zu betrachten:

1. Die Zielfunktion (1) und das System der Nebenbedingungen (2), (3) sind linear.
2. Die Diskretheit der Variablen drückt sich in ihrer Ganzzahligkeit aus.

Das führt uns zu den beiden folgenden Definitionen:

Definition 4: *In der linearen diskreten Optimierung ist das Maximum oder Minimum einer linearen Funktion*

$$Z = c_1 x_1 + c_2 x_2 + \cdots + c_n x_n \tag{4}$$

zu bestimmen, deren Variablen den linearen Nebenbedingungen

$$\left. \begin{aligned} a_{i1}x_1 + a_{i2}x_2 + \cdots + a_{in}x_n &= b_i, \; i = 1, 2, \ldots, m_1 \\ a_{i1}x_1 + a_{i2}x_2 + \cdots + a_{in}x_n &\leqq b_i, \; i = m_1 + 1, \ldots, m \end{aligned} \right\} \tag{5}$$

genügen. Dabei dürfen einige oder alle Variablen nur diskrete Werte annehmen.

Definition 5: *Bei einer ganzzahligen Optimierungsaufgabe drückt sich die Diskretheitsforderung in der Voraussetzung aus, daß die Variablen $x_1, x_2, \ldots, x_n$ den Nichtnegativitätsbedingungen*

$$x_j \geqq 0, \; j = 1, 2, \ldots, n \tag{6}$$

und den Ganzzahligkeitsforderungen

$$x_j \text{ ganzzahlig für } j = 1, 2, \ldots, n \tag{7}$$

genügen. Wird die Ganzzahligkeit nur für eine Teilmenge I der Indexmenge $\{1, 2, \ldots, n\}$ gefordert,

$$x_j \text{ ganzzahlig für } j \in I \subset \{1, 2, \ldots, n\}, \tag{8}$$

spricht man von gemischt-ganzzahligen Optimierungsaufgaben.

Bemerkung: In der Definition 5 müßten die Nichtnegativitätsbedingungen (6) nicht grundsätzlich vorausgesetzt werden. Da man aber, wie in der linearen Optimierung, die Nichtnegativität aller Variablen erreichen kann (siehe etwa [15]), haben wir die Forderung (6) sofort in die Definition einbezogen.

Die Unterscheidung zwischen *ganzzahligen* und *gemischt-ganzzahligen Optimierungsaufgaben* ist für die Lösungstheorie bisweilen von großer Bedeutung.

Mit Rücksicht auf eine Vielzahl praktischer Anwendungen heben wir unter den ganzzahligen Optimierungsaufgaben noch die sogenannten *0—1-Probleme* hervor.

Definition 6: *Bei einem 0—1-Problem wird die Diskretheitsbedingung durch die Forderung ersetzt, daß einige oder alle Variablen x_j nur die Werte 0 oder 1 annehmen dürfen,*

$$x_j = \begin{cases} 0 \\ 1 \end{cases} \text{für gewisse } j \in \{1, 2, \ldots, n\}.$$

Auf Grund der Definition ist die Nichtnegativitätsbedingung für diese Variablen x_j automatisch erfüllt. Wir verzichten hier auf eine Unterscheidung der Fälle, ob die *0—1-Bedingung* nur für einige oder für alle Variablen gefordert wird.

Die inhaltliche Verbindung der Linearität und Ganzzahligkeit führt uns zur Erklärung *ganzzahliger* oder *gemischt-ganzzahliger linearer Optimierungsaufgaben.*

Definition 7: *In der linearen ganzzahligen Optimierung ist das Maximum oder Minimum der linearen Zielfunktion (4) zu bestimmen, deren Variablen den linearen Nebenbedingungen (5), den Nichtnegativitätsbedingungen (6) und den Ganzzahligkeitsforderungen (7) genügen. Wird die Ganzzahligkeit nur für eine Teilmenge I der Indexmenge $\{1, 2, \ldots, n\}$ vorausgesetzt (Bedingung (8)), spricht man von linearen gemischt-ganzzahligen Optimierungsaufgaben.*

Nach dieser Definition unterscheiden sich lineare ganzzahlige Optimierungsaufgaben von Problemen der linearen Optimierung lediglich durch das Hinzutreten der Ganzzahligkeitsforderungen (7). Ersetzen wir die Ganzzahligkeitsforderungen durch die $0-1$-Bedingungen, gelangen wir zur Erklärung *linearer $0-1$-Probleme.*

Definition 8: *Ein lineares $0-1$-Problem liegt vor, wenn einige oder alle Variablen einer linearen Optimierungsaufgabe der $0-1$-Bedingung genügen.*

Die erläuterten Klassifizierungsgesichtspunkte sind in Abb. 1 veranschaulicht. Jedoch darf diese Abbildung nicht als strenge Gliederung verstanden werden. Es ist nicht jede diskrete Optimierungsaufgabe entweder ein Problem mit Diskretheitsforderungen oder ein kombinatorisches Problem. Auch innerhalb der Klassifizierung gibt es einen fließenden Übergang. So werden wir z.B. später sehen, daß eine lineare Optimierungsaufgabe mit einer beschränkten Menge zulässiger Lösungen als ein kombinatorisches Problem aufgefaßt werden kann. Daher soll Abb. 1 nur das gedankliche Vorgehen verdeutlichen, das wir in diesem Abschnitt verfolgt haben.

1.3. *Lineare ganzzahlige Optimierungsprobleme*

Wir wollen uns mit den linearen ganzzahligen Optimierungsaufgaben noch etwas näher beschäftigen, um uns gleichzeitig dadurch tiefer in die Problematik der diskreten Optimierung einzufinden.

Unter Verwendung der Matrizenschreibweise können wir die lineare ganzzahlige Optimierungsaufgabe $(4)-(7)$ durch

$$
\left.
\begin{aligned}
Z &= \boldsymbol{c}'\boldsymbol{x} \text{ max} \\
\boldsymbol{A}\boldsymbol{x} &= \boldsymbol{b} \\
\boldsymbol{x} &\geqq 0 \\
\boldsymbol{x} &\text{ ganzzahlig}
\end{aligned}
\right\} \tag{9}
$$

Diskrete Optimierung
kombinatorische Probleme
kombinatorische Probleme mit linearer Zielfunktion
kombinatorische Probleme mit nichtlinearer Zielfunktion
Probleme mit Diskretheitsforderungen
lineare diskrete Optimierung
ganzzahlige oder gemischt-ganzzahlige Optimierung
nichtlineare diskrete Optimierung
ganzzahlige oder ganz-zahlige lineare Optimierung
0-1-Probleme
ganzzahlige oder gemischt-ganzzahlige nichtlineare Optimierung
lineare 0-1-Probleme
nichtlineare 0-1-Probleme

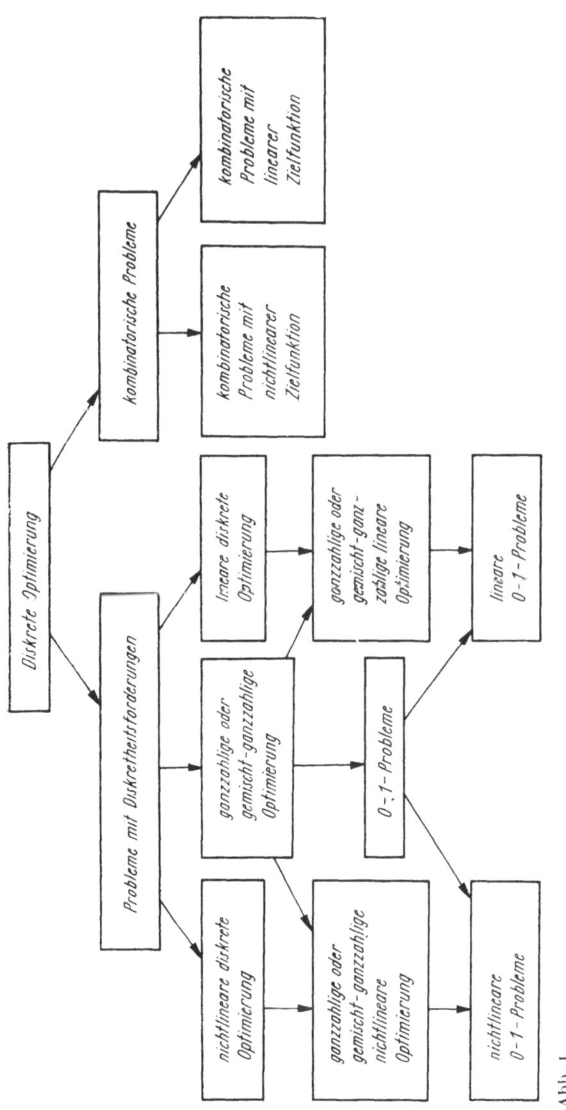

Abb. 1

ausdrücken, wenn wir gleichzeitig den in der linearen Optimierung üblichen Übergang zur Normalform vollziehen. Gelegentlich werden wir (9) auch die *Normalform* linearer ganzzahliger Optimierungsaufgaben nennen. Analog kann eine Normalform für lineare gemischt-ganzzahlige Optimierungsaufgaben angegeben werden.

Die lineare ganzzahlige Optimierungsaufgabe (9) symbolisieren wir durch die Kurzschreibweise

$$\max\{c'x \mid Ax = b, \, x \geqq 0, \, x \text{ ganzzahlig}\} \tag{10}$$

und die gemischt-ganzzahlige Aufgabe durch

$$\max\{c'x \mid Ax = b, \, x \geqq 0, \, \text{gewisse } x_i \text{ ganzzahlig}\}. \tag{11}$$

Die Menge M der zulässigen Lösungen der linearen Optimierungsaufgabe

$$\max\{c'x \mid Ax = b, \, x \geqq 0\} \tag{12}$$

ist durch die Nebenbedingungen $Ax = b$ und die Nichtnegativitätsbedingungen $x \geqq 0$ gegeben. Wir schreiben dafür (vgl. auch [15])

$$M = \{x : Ax = b, \, x \geqq 0\}. \tag{13}$$

Die in der Definition 1 eingeführte Menge M_d unterscheidet sich von M durch das Hinzutreten der Ganzzahligkeitsforderungen

$$M_d = \{x : Ax = b, \, x \geqq 0, \, x \text{ ganzzahlig}\}. \tag{14}$$

Bemerkung: Die Nebenbedingungen der Normalform einer linearen Optimierungsaufgabe enthalten im allgemeinen Schlupfvariablen, die bei der Umwandlung linearer Ungleichungen in lineare Gleichungen eingeführt wurden. Aus der ökonomischen Problemstellung heraus werden sich Ganzzahligkeitsforderungen im allgemeinen nur für Modellvariable ergeben. Daher ist der Fall nicht auszuschließen, daß ein ganzzahliges Optimierungsmodell in der Normalform als gemischt-ganzzahlige Optimierungsaufgabe betrachtet werden muß (vgl. auch 4.1). Sind aber die Elemente der Matrix der Nebenbedingungen A und die Komponenten des Beschränkungsvektors b ganze Zahlen (das wird bei ganzzahligen Optimierungsmodellen sehr häufig erfüllt sein), ergibt sich aus der Ganzzahligkeit der Modellvariablen automatisch die Ganzzahligkeit der Schlupfvariablen.

Zur Erläuterung der Problematik der diskreten Optimierung bei linearen ganzzahligen Optimierungsaufgaben betrachten wir ein orientierendes Beispiel.

Beispiel: Vorgelegt sei die lineare Optimierungsaufgabe

$$\left. \begin{aligned} Z = 2x_1 + x_2 \text{ max} \\ -3x_1 + 2x_2 &\leq 4 \\ 4x_1 + 7x_2 &\leq 43 \\ 2x_1 - x_2 &\leq 8 \\ x_1 \geq 0, x_2 &\geq 0, \end{aligned} \right\} \tag{15}$$

die wir durch die Ganzzahligkeitsforderungen

$$x_1, x_2 \text{ ganzzahlig} \tag{16}$$

ergänzen. Der Bereich der zulässigen Lösungen der linearen Optimierungsaufgabe (15) ohne Ganzzahligkeitsforderung ist in Abb. 2 durch das Polyeder mit den Eckpunkten A, B, C, D, E veranschaulicht. Die optimale Lösung wird in Punkt C mit den Koordinaten

$$x_1 = \frac{11}{2}, x_2 = 3 \tag{17}$$

angenommen. Der zugehörige Optimalwert der Zielfunktion ist

$$Z_{\text{max}} = 14. \tag{18}$$

Die optimale Lösung (17) der linearen Optimierungsaufgabe (15) genügt nicht den Ganzzahligkeitsforderungen (16). Die zulässigen Lösungen der ganzzahligen linearen Optimierungsaufgabe (15), (16) haben folgende Eigen-

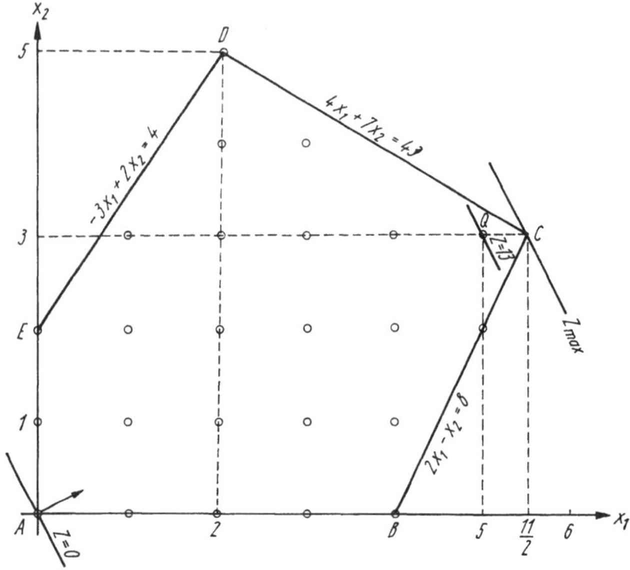

Abb. 2

schaften:
1. Sie sind zulässige Lösungen der linearen Optimierungsaufgabe (15).
2. Sie genügen den Ganzzahligkeitsforderungen (16).
Für die Aufgabe (15), (16) besteht damit die Menge M_d
nur aus den Punkten (Vektoren), die in Abb. 2 durch
kleine Kreise hervorgehoben sind. Wegen dieser allge-
meingültigen geometrischen Interpretation werden die
zulässigen Lösungen einer ganzzahligen linearen Optimierungsaufgabe auch *zulässige Gitterpunkte* genannt. Entsprechend heißen die optimalen Lösungen *optimale Gitterpunkte.*

Die Lösung einer ganzzahligen linearen Optimierungsaufgabe erfordert damit die Bestimmung der zulässigen
Gitterpunkte, die der Zielfunktion einen optimalen Wert
erteilen. Auf Grund des aus der linearen Optimierung

bekannten graphischen Lösungsprinzips ist ersichtlich, daß die Aufgabe (15), (16) im Punkt Q von Abb. 2, dessen Koordinaten

$$x_1 = 5,\, x_2 = 3$$

sind, den einzigen optimalen Gitterpunkt besitzt. Der zugehörige Optimalwert der Zielfunktion ist

$$Z = 13. \tag{19}$$

Ein Vergleich der Optimalwerte (18) und (19) weist uns auf ein allgemeines Ergebnis hin, das wir in einem Satz hervorheben wollen.

S a t z 1: *Der Optimalwert der Zielfunktion einer ganzzahligen linearen Optimierungsaufgabe kann nicht größer sein als der Optimalwert der Zielfunktion der zugehörigen linearen Optimierungsaufgabe ohne Ganzzahligkeitsforderungen.*

Die Begründung des Satzes ist trivial, da die Ganzzahligkeitsforderungen eine Einschränkung bei der Auswahl der möglichen zulässigen Lösungen darstellen, so daß sich dadurch der Optimalwert der Zielfunktion nicht vergrößern kann.

Kehren wir nun wieder zu dem von uns betrachteten Beispiel zurück! Die Normalform der ganzzahligen linearen Optimierungsaufgabe (15), (16) lautet:

$$
\begin{aligned}
Z = 2x_1 + x_2 \; &\max \\
-3x_1 + 2x_2 + x_3 \qquad\qquad\;\; &= 4 \\
4x_1 + 7x_2 \qquad + x_4 \qquad &= 43 \\
2x_1 - \; x_2 \qquad\qquad + x_5 &= 8 \\
x_i \geqq 0,\; i = 1, 2, &\ldots, 5 \\
x_i \text{ ganzzahlig},\; i = 1, 2, &\ldots, 5.
\end{aligned}
$$

Die Ganzzahligkeit der Schlupfvariablen x_3, x_4, x_5 ist für ganzzahlige Werte der Modellvariablen x_1, x_2 gesichert, so daß auch die Normalform als ganzzahlige lineare Optimierungsaufgabe betrachtet werden darf.

In der linearen Optimierung hat man im allgemeinen

innerhalb einer stetigen und unendlichen Gesamtheit zulässiger Lösungen die optimalen Lösungen zu bestimmen. In der linearen ganzzahligen Optimierung wird dagegen die Gesamtheit der zulässigen Gitterpunkte vielfach endlich sein. Darin könnte man sogar eine Vereinfachung der Lösungsproblematik erblicken. Aber die Menge der zulässigen Gitterpunkte ist bei praktischen Aufgaben meist so groß, daß sich aus ihrer Endlichkeit kein Gewinn erzielen läßt. Wir haben es hier mit einer vergleichbaren Situation wie in der linearen Optimierung zu tun. Eine lineare Optimierungsaufgabe besitzt auch nur endlich viele Eckpunkte, und nach dem Satz über die Existenz einer optimalen zulässigen Basislösung (vgl. [15]) muß (die Lösbarkeit vorausgesetzt) unter den Eckpunkten eine optimale Ecke enthalten sein. Aber es ist ein praktisch hoffnungsloser Weg, die Gesamtheit der Eckpunkte zu bestimmen, um durch Berechnung der zugehörigen Werte der Zielfunktion zur Ermittlung der optimalen Eckpunkte zu gelangen. Ebenso hoffnungslos ist es meist, die Gesamtheit der zulässigen Gitterpunkte zu ermitteln und durch Vergleich der zugehörigen Zielfunktionswerte die optimalen Gitterpunkte zu berechnen. Die Zahl der zulässigen Gitterpunkte ist bei umfangreicheren Aufgaben so groß, daß dieser Lösungsweg, den man auch als *Lösung durch vollständige Enumeration* bezeichnet, numerisch nicht mit einem annähernd vertretbaren Aufwand realisiert werden kann. Andererseits zeigt bereits unser obiges Beispiel, daß die optimalen Gitterpunkte nicht notwendig auf dem Rand des Bereiches der zulässigen Lösungen liegen müssen. Darin ist nicht zuletzt ein Grund für die Komplikationen bei der Lösung ganzzahliger linearer Optimierungsaufgaben zu erblicken.

Unseren Betrachtungen entspringen zwei Ergebnisse, die wir als Sätze formulieren wollen.

S a t z 2: *Die Menge M_d der zulässigen Lösungen einer ganzzahligen linearen Optimierungsaufgabe ist endlich, wenn die Menge M der zulässigen Lösungen der zugehörigen linearen Optimierungsaufgabe beschränkt ist.*

Satz 3: *Enthält die Menge M_d nur endlich viele Elemente, stellt die ganzzahlige lineare Optimierungsaufgabe ein kombinatorisches Optimierungsproblem dar.*

Der letzte Satz untermauert, daß der Klassifizierung in Abschnitt 1.2 keine strenge Einteilung zugrunde liegt. Andererseits kann die Menge M_d auch aus unendlich vielen Elementen bestehen (dazu muß notwendig die Menge M unbeschränkt sein) und folglich die lineare ganzzahlige Optimierungsaufgabe kein kombinatorisches Problem darstellen. Ebenso läßt sich die Optimierungsaufgabe nicht als kombinatorisches Problem formulieren, falls die Ganzzahligkeit nicht für alle Variablen vorausgesetzt wird.

1.4.   Lineare $0-1$-Probleme

Unsere Betrachtungen zur Ganzzahligkeit sollen durch die Untersuchung von $0-1$-Problemen eine Ergänzung erfahren. Dazu beschäftigen wir uns zunächst mit dem Ersatz einer $0-1$-Bedingung durch andere Forderungen.

Satz 4: *Jede $0-1$-Bedingung*

$$x_j = \begin{cases} 0 \\ 1 \end{cases} \tag{20}$$

kann durch die lineare Beziehung

$$0 \leqq x_j \leqq 1 \tag{21}$$

und die Ganzzahligkeitsforderung

$$x_j \text{ ganzzahlig}$$

ersetzt werden.

Satz 5: *Jede $0-1$-Bedingung (20) kann durch die nichtlineare Beziehung*

$$x_j = x_j^2$$

ersetzt werden.

Diese Sätze bedürfen wohl kaum einer Begründung. Muß die Variable x_j der Nichtnegativitätsbedingung

$x_j \geqq 0$ genügen, kann für (21) auch die lineare Nebenbedingung

$$x_j \leqq 1 \qquad (22)$$

geschrieben werden. Dann folgt unmittelbar aus den Sätzen 4 und 5:

Satz 6: *Jedes lineare 0—1-Problem kann als ganzzahlige lineare Optimierungsaufgabe aufgefaßt werden. Zu den Nebenbedingungen und Nichtnegativitätsbedingungen der linearen Optimierungsaufgabe treten noch die Ganzzahligkeitsforderungen und die Bedingungen (22) hinzu, die für alle 0—1-Variablen obere Schranken erklären.*

Satz 7: *Jedes lineare 0—1-Problem kann als nichtlineare Optimierungsaufgabe (ohne Ganzzahligkeitsforderungen) aufgefaßt werden.*

Bei der Lösung linearer 0—1-Probleme geht man meist nicht auf eine ganzzahlige lineare Optimierungsaufgabe zurück, sondern verwendet spezielle Verfahren der 0—1-Optimierung. Ungeklärt ist, ob sich aus der Überführung in eine nichtlineare Optimierungsaufgabe numerische Vorteile erzielen lassen.

Bisweilen besitzen bei einem 0—1-Problem die Variablen x_j, die der 0—1-Bedingung genügen, logischen Charakter. Dann liegen Bedingungen der Gestalt

$$x_j = \begin{cases} 1, \text{falls eine gewisse Bedingung erfüllt ist,} \\ 0, \text{falls diese Bedingung nicht erfüllt ist} \end{cases}$$

vor. So kann die Erfüllung einer solchen Bedingung z. B. den Bau einer Fabrikanlage beinhalten. Folglich interessiert nicht der eigentliche Zahlwert von x_j, sondern nur die ihm zugrunde liegende logische Aussage. Daher heißen Variable x_j, die der 0—1-Bedingung genügen, auch BOOLEsche *Variable* und 0—1-Probleme auch BOOLEsche *Optimierungsaufgaben*.

Die Verwendung BOOLEscher Variablen ermöglicht uns teilweise, ganzzahlige lineare Optimierungsaufgaben in 0—1-Probleme zu überführen.

Satz 8: *Jede ganzzahlige oder gemischt-ganzzahlige lineare Optimierungsaufgabe, bei der die Menge M_d der zulässigen Lösungen beschränkt ist, kann in ein $0-1$-Problem überführt werden.*

Beweis: x_d sei eine Variable mit Ganzzahligkeitsforderung. Wegen der Beschränktheit der Menge M_d existiert eine Schranke s_j, so daß für die Variable x_j jeder zulässigen Lösung

$$0 \leq x_j \leq s_j$$

gilt. Bezeichnen wir mit p_j die kleinste nichtnegative ganze Zahl, für die die Bedingung

$$s_j \leq 2^{p_j}$$

erfüllt ist, läßt sich offenbar das ganzzahlige x_j durch

$$x_j = x_{j0} + 2x_{j1} + 2^2 x_{j2} + \cdots + 2^{p_j} x_{.p_j} \qquad (23)$$

darstellen, wobei die x_{jk}, $k = 1, 2, \ldots, p_j$ BOOLEsche Variablen bezeichnen. Ersetzt man mittels (23) in der Optimierungsaufgabe die ganzzahligen Variablen x_j durch $p_j + 1$ BOOLEsche Variablen, erhalten wir eine lineare $0-1$-Aufgabe.

Beispiel: Wir wollen das in dem Beweis enthaltene Vorgehen nochmals für die ganzzahlige Optimierungsaufgabe (15), (16) verdeutlichen. Aus der Ungleichung $4x_1 + 7x_2 \leq 43$ und den Nichtnegativitätsbedingungen folgt $x_1 \leq 11$, $x_2 \leq 7$. Die Aussage über x_1 kann mittels der Ungleichung $2x_1 - x_2 \leq 8$ durch $x_1 \leq \frac{1}{2}(8 + 7) \leq 8$ verschärft werden. Also gilt

$$0 \leq x_1 \leq 8, \; s_1 = 8, \; s_1 \leq 2^3, \; p_1 = 3,$$
$$0 \leq x_2 \leq 7, \; s_2 = 7, \; s_2 \leq 2^3, \; p_2 = 3.$$

Schärfere Schranken s_1, s_2 könnten Abb. 2 entnommen werden. Wegen (23) überführt der Ansatz

$$x_1 = x_{10} + 2x_{11} + 4x_{12} + 8x_{13},$$
$$x_2 = x_{20} + 2x_{21} + 4x_{22} + 8x_{23}$$

die ganzzahlige Optimierungsaufgabe (15), (16) in das lineare 0—1-Problem

$$Z = 2x_{10} + 4x_{11} + 8x_{12} + 16x_{13} + x_{20}$$
$$+ 2x_{21} + 4x_{22} + 8x_{23} \ \text{max}$$

$$- 3x_{10} - 6x_{11} - 12x_{12} - 24x_{13} + 2x_{20}$$
$$+ 4x_{21} + 8x_{22} + 16x_{23} \leqq 4$$

$$4x_{10} + 8x_{11} + 16x_{12} + 32x_{13} + 7x_{20}$$
$$+ 14x_{21} + 28x_{22} + 56x_{23} \leqq 43$$

$$2x_{10} + 4x_{11} + 8x_{12} + 16x_{13} - x_{20} - 2x_{21}$$
$$- 4x_{22} - 8x_{23} \leqq 8$$

$$x_{ij} = \begin{cases} 1 \\ 0 \end{cases}, i = 1, 2; \quad j = 0, 1, 2, 3.$$

Dieses Beispiel unterstreicht, daß die erhaltene 0—1-Aufgabe erheblich mehr Variable besitzt. Lediglich die Zahl der Nebenbedingungen bleibt gleich. Darin drücken sich auch die Grenzen dieses Vorgehens zur Lösung ganzzahliger linearer Optimierungsaufgaben aus.

Die durchgeführten Betrachtungen sind nicht notwendig an die Ganzzahligkeit der Optimierungsaufgabe gebunden. Ähnlich läßt sich auch der Übergang von einer diskreten Optimierungsaufgabe zu einem 0—1-Problem vollziehen.

Satz 9: *Jede lineare diskrete Optimierungsaufgabe kann in ein lineares 0—1-Problem überführt werden, falls die diskreten Variablen nur endlich vieler Realisierungen fähig sind.*

Beweis: x_j sei eine diskrete Variable, die nur die r_j Werte $d_j^1, d_j^2, \ldots, d_j^{r_j}$ annehmen kann. Dann läßt sich die Diskretheitsforderung

$$x_j \in \{d_j^1, d_j^2, \ldots, d_j^{r_j}\}$$

durch die beiden Bedingungen

$$x_j = d_j^1 x_{j1} + d_j^2 x_{j2} + \cdots + d_j^{r_j} x_{jr_j}, \qquad (24)$$

$$x_{j1} + x_{j2} + \cdots + x_{jr_j} = 1 \qquad (25)$$

ersetzen, wobei die x_{jk}, $k = 1, 2, \ldots, r_j$ BOOLEsche Variablen bezeichnen. Wegen (25) kann nämlich nur eine BOOLEsche Variable den Wert 1 annehmen, so daß sich aus (24) die für x_j zugelassenen Realisierungsmöglichkeiten ergeben. Die Ersetzung der diskreten Variablen x_j mittels (24) durch r_j BOOLEsche Variablen und die Ergänzung der Nebenbedingungen (25) überführt die diskrete Aufgabe in eine lineare 0–1 Aufgabe.
Wir heben hervor, daß der dargelegte Ersatz der Diskretheitsforderungen nicht nur zu einer erheblichen Vergrößerung der Zahl der Variablen führt, sondern auch die Zahl der Nebenbedingungen anwachsen läßt. Allerdings wird dieses Vorgehen bei der Lösung von Optimierungsaufgaben mit Diskretheitsforderungen nur selten beschritten, da es spezielle Lösungsverfahren für derartige Probleme gibt, auf die wir jedoch nicht näher eingehen werden. Die Voraussetzung der Linearität in Satz 9 hebt nicht die Allgemeingültigkeit des Ansatzes auf.
Die durchgeführten Betrachtungen demonstrieren nochmals deutlich, welcher fließende Übergang bei der Klassifizierung in Abschnitt 1.2 zu berücksichtigen ist.

2. Die numerische Problematik bei der ganzzahligen Optimierung

2.1. Die Problematik der Rundung nicht ganzzahliger Werte

Bei der Lösung ganzzahliger Optimierungsaufgaben drängt sich zwangsläufig die Frage auf, ob man nicht einfach die Ganzzahligkeitsforderungen vernachlässigen kann. Dazu hätte man die Optimierungsaufgabe ohne Ganzzahligkeitsforderungen zu lösen und die Optimallösung auf die nächsten ganzzahligen Werte zu runden, die den Restriktionen genügen. Das ist durchaus ein vertretbarer Weg, wenn die Werte der Modellvariablen hinreichend groß sind (im allgemeinen setzt man sie größer als 10 voraus), so daß man den entstehenden Fehler rechtfertigen kann. Einen gewissen Einblick in die Fehlergröße erhält man durch Vergleich der Werte der Zielfunktion für die Optimallösung ohne Ganzzahligkeitsforderungen und für die gerundete Optimallösung. Aber meist sind bei ganzzahligen Optimierungsaufgaben die Werte der Variablen klein (wie wir gesehen haben, vielfach sogar gleich 0 oder 1). Dann führt ein Runden der nicht ganzzahligen Werte der Optimallösung zu keinem brauchbaren Ergebnis.

Aber auch die Rundung nicht ganzzahliger Werte der Optimallösung ist keineswegs problemlos. Zu diesem Vorgehen muß nämlich folgendes bemerkt werden:

1. Ein Runden kann ohne Verletzung der Restriktionen überhaupt nicht möglich sein.
2. Selbst wenn die gerundete Optimallösung zulässig ist, wird sie meist nicht die Optimallösung der ganzzahligen Optimierungsaufgabe sein.

Wir wollen diese Aussagen durch einfache Beispiele belegen.

Beispiel: Die Lösung der ganzzahligen linearen Optimierungsaufgabe

$$\left.\begin{array}{r} Z = 2x_1 + x_2 \ \max \\ -2x_1 + 15x_2 \leqq 60 \\ 10x_1 - 9x_2 \leqq 30 \\ x_1 \geqq 0, x_2 \geqq 0 \\ x_1, x_2 \ \text{ganzzahlig} \end{array}\right\} \qquad (26)$$

führt bei Vernachlässigung der Ganzzahligkeitsforderungen zu der Optimallösung (Punkt P von Abb. 3)

$$x_1 = \frac{15}{2}, x_2 = 5.$$

Aber weder für $x_1 = 7$, $x_2 = 5$ noch für $x_1 = 8$, $x_2 = 5$ (Punkte P_1 und P_2 von Abb. 3) ergeben sich zulässige Lösungen. Die ganzzahlige Optimallösung lautet vielmehr (Punkt Q von Abb. 3)

$$x_1 = 6, x_2 = 4.$$

Die zulässigen Gitterpunkte sind, wie in Abb. 2, durch kleine Kreise hervorgehoben.

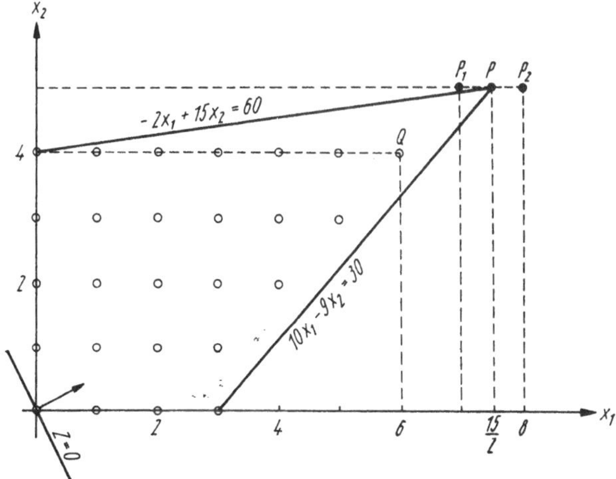

Abb. 3

Beispiel: Gegeben sei die ganzzahlige lineare Optimierungsaufgabe

$$\left.\begin{aligned}
Z = 3x_1 + 22x_2 \text{ max} \\
2x_1 + 15x_2 \leqq 90 \\
10x_1 - 9x_2 \leqq 30 \\
x_1 \geqq 0,\ x_2 \geqq 0 \\
x_1,\ x_2 \text{ ganzzahlig.}
\end{aligned}\right\} \qquad (27)$$

Vernachlässigen wir die Ganzzahligkeitsforderungen, erhalten wir die Optimallösung (Punkt P von Abb. 4)

$$x_1 = \frac{15}{2},\ x_2 = 5.$$

Die gerundete Optimallösung (Punkt P_1 von Abb. 4)

$$x_1 = 7,\ x_2 = 5$$

ist zwar zulässig, aber die Lösung der ganzzahligen Optimierungsaufgabe wird durch den Punkt Q dargestellt und lautet

$$x_1 = 0,\ x_2 = 6.$$

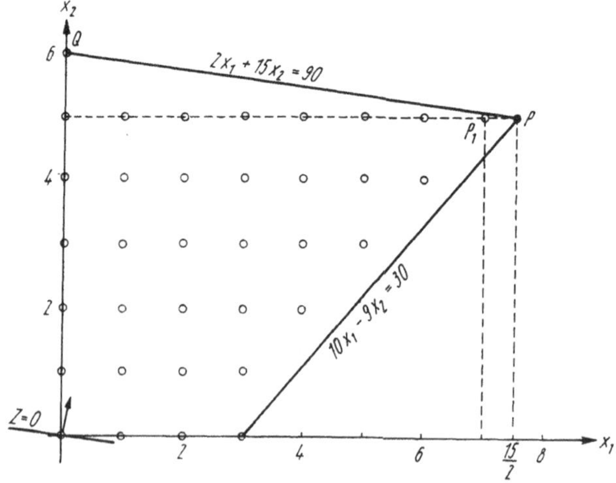

Abb. 4

Diese beiden Beispiele demonstrieren, daß es bisweilen nicht ganz leicht sein kann, eine brauchbare gerundete Optimallösung zu finden. Daher ist der Verzicht auf spezielle Lösungsmethoden der ganzzahligen Optimierung auch von diesem Gesichtspunkt aus unvertretbar.

2.2. Allgemeine Bemerkungen zur numerischen Problematik der Lösungsverfahren

Die mathematische Theorie der diskreten Optimierung ist heute im wesentlichen eine Theorie der numerischen Lösungsverfahren. Das ist in den erheblichen Komplikationen begründet, denen man bei der numerischen Lösung begegnet. Wir werden noch wiederholt in den weiteren Betrachtungen darauf zu sprechen kommen müssen. Aber es ist günstig, einige allgemeine Gründe zur Orientierung auf diese Problematik bereits jetzt kennenzulernen:

1. Bei vielen Verfahren der diskreten Optimierung erfolgt teilweise eine sehr schleichende Näherung an die diskrete Optimallösung, wodurch ein erheblicher Aufwand an Rechenzeit verursacht wird.

2. Das Anwachsen der in einem numerischen Rechenprozeß meist unvermeidbaren Rundungsfehler (vgl. zu dieser Problematik [14]) führt bei den Verfahren der diskreten Optimierung im allgemeinen zu einer numerischen Instabilität, die durch die langen Rechenzeiten noch verstärkt wird.

3. Die Entscheidung, ob die Diskretheitsforderungen erfüllt sind, kann nur näherungsweise im Rahmen einer vorgegebenen Genauigkeit erfolgen. Müssen z. B. die Variablen ganzzahlig sein, sieht man die Ganzzahligkeit als erfüllt an, wenn ihr Wert von der nächstgelegenen ganzen Zahl um weniger als eine vorgegebene positive

Genauigkeitsschranke ε abweicht. Ganzzahligkeit im strengen mathematischen Sinne ist also meist nicht erreichbar! Wählt man nun die Genauigkeitsschranke ε zu klein, wird der Rechenprozeß gegebenenfalls fortgesetzt, obwohl die ganzzahlige Optimallösung im Rahmen der erzielbaren Genauigkeit längst gefunden ist. Unsinnige Lösungsergebnisse sind das Resultat einer derartigen Schrankenwahl. Bei zu großem ε kann das Verfahren bereits abbrechen, obwohl die ganzzahlige Optimallösung noch längst nicht erreicht ist.

4. Die Verfahren der diskreten Optimierung leiden häufig unter dem Umstand, daß starke Anforderungen an die Speicherkapazität der Rechenautomaten gestellt werden müssen.

Zwar gibt es Modelltypen und spezielle Verfahren für derartige Modelle, für welche die hier aufgeworfenen Probleme nicht zutreffen. Wir werden uns gleich anschließend mit solchen Modellen beschäftigen. Aber ansonsten müssen wir damit rechnen, daß der Lösungsprozeß gegebenenfalls ohne Ergebnis abgebrochen werden muß. Ebenso gibt es eine Problemgröße, von der ab auf Grund der vorhandenen numerischen Erfahrungen die Aufgabe als praktisch unlösbar anzusehen ist. In diesem Falle ist schon der Modellierungsaufwand faktisch nicht zu rechtfertigen. Natürlich hängt eine solche Aussage stark von der Modellstruktur und der Tatsache ab, ob spezielle Verfahren für diese Struktur zur Verfügung stehen. Zum Beispiel läßt sich ein $0-1$-Problem mit wesentlich mehr Variablen praktikabel lösen, wenn man sich nicht der allgemeinen Methoden der ganzzahligen Optimierung, sondern spezieller Verfahren der $0-1$-Optimierung bedient. So wird numerische Erfahrung gerade in der diskreten Optimierung zu einer wichtigen Voraussetzung für einen erfolgreichen Lösungsweg!

3. Transport-, Zuordnungs- und Verteilungsprobleme

3.1. Das ganzzahlige klassische Transportproblem

Eine der bekanntesten und wichtigsten speziellen Modellstrukturen der linearen Optimierung ist die klassische Transportaufgabe. Bei ihr ist das Minimum der linearen Zielfunktion

$$Z = \sum_{i=1}^{m} \sum_{j=1}^{n} c_{ij} x_{ij}$$

unter den Restriktionen

$$\sum_{j=1}^{n} x_{ij} = a_i, \; i = 1, 2, \ldots, m,$$

$$\sum_{i=1}^{m} x_{ij} = b_j, \; j = 1, 2, \ldots, n,$$

$$x_{ij} \geqq 0, \; i = 1, 2, \ldots, m,$$

$$j = 1, 2, \ldots, n$$

bei Gültigkeit der Gleichgewichtsbedingung

$$\sum_{i=1}^{m} a_i = \sum_{j=1}^{n} b_j$$

zu bestimmen. Die der Aufgabe zugrunde liegende ökonomische Modellsituation setzen wir als bekannt voraus.

Wird zusätzlich die Ganzzahligkeit der Variablen x_{ij} gefordert, haben wir es mit einer Aufgabe der ganzzahligen Optimierung zu tun. Nun ist aber aus der Theorie der Transportoptimierung der folgende Satz bekannt:

Satz 10: *Sind die Versandmengen a_1, a_2, ..., a_m und die Bedarfsmengen b_1, b_2, ..., b_n der klassischen Transportaufgabe ganzzahlig, so gibt es unter den optimalen Lösungen wenigstens eine ganzzahlige Optimallösung.*

Bei praktischen Aufgaben wird die Forderung ganzzahliger Transportmengen x_{ij} meist mit dem Vorliegen ganzzahliger Kapazitäten a_i, b_j verbunden sein. Dann bedeutet nach Satz 10 die Lösung der ganzzahligen Transportaufgabe keine zusätzliche numerische Komplikation. Vielmehr wird durch die Algorithmen der Transportoptimierung automatisch eine ganzzahlige Optimallösung berechnet. Die Forderung nach Ganzzahligkeit stellt keine zusätzliche Einschränkung für das Problem dar und kann folglich auch gestrichen werden. Daher unterscheidet man in der Literatur ganzzahlige Transportaufgaben und Transportprobleme ohne Ganzzahligkeitsforderungen im allgemeinen nicht.

Die numerische Situation bei ganzzahligen Transportaufgaben unterscheidet sich grundsätzlich von den numerischen Komplikationen bei allgemeinen Problemen der diskreten Optimierung. Die leistungsfähigen Algorithmen der Transportoptimierung werden unter Lösungsgesichtspunkten entwickelt, die auf die Ganzzahligkeit keinen Bezug nehmen. Daher zählt man meist die ganzzahlige klassische Transportaufgabe nicht zu den Problemen der diskreten Optimierung, obwohl sie von der Aufgabenstellung her zwangsläufig hinzugerechnet werden muß. Auch wir werden derartige Aufgaben bei unseren weiteren Betrachtungen ausklammern.

3.2. *Das Zuordnungsproblem*

Beim Zuordnungsproblem (auch *Zuteilungsproblem, Ernennungsproblem* oder *Auswahlproblem* genannt) gehen wir von folgender Modellsituation aus: Es sind n Aufträge auf n Arbeitsplätze so zu verteilen, daß jedem Arbeitsplatz genau ein Auftrag und jeder Auftrag nur einem Arbeitsplatz zugeteilt wird. Dabei soll jeder Auftrag auf jedem Arbeitsplatz bearbeitet werden können. Die Zuordnung des Auftrages i zum Arbeitsplatz j ist mit Kosten c_{ij} (oder mit einem Nutzen) verbunden. Gesucht ist eine solche

Verteilung der Aufträge auf die Arbeitsplätze, die mit minimalen Gesamtkosten (oder maximalem Gesamtnutzen) verbunden ist.

Bezeichnet p_1, p_2, ..., p_n eine Permutation der Zahlen $1, 2, ..., n$ und wird dem Auftrag i der Arbeitsplatz p_i zugeordnet

$$i \to p_i,$$

stellt jede Permutation

$$p_1, p_2, ..., p_n$$

eine Realisierungsvariante des Zuordnungsproblems dar. Folglich haben wir beim Zuordnungsproblem das Minimum der Summe

$$\sum_{i=1}^{n} c_{ip_i} \tag{28}$$

bezüglich aller Permutationen p_1, p_2, ..., p_n zu bestimmen.

Die Formulierung des Zuordnungsproblems läßt den kombinatorischen Charakter der Aufgabe erkennen. Da es $n!$ Permutationen der Zahlen $1, 2, ..., n$ gibt, ist die Berechnung der Summe (28) für jede Permutation (Lösung durch vollständige Enumeration) bei großem n praktisch unmöglich. Wir wollen versuchen, das Zuordnungsproblem in eine lineare Optimierungsaufgabe zu transformieren. Dazu bezeichnen wir mit x_{ij} BOOLEsche Variable, die folgende Bedeutung haben:

$$x_{ij} = \begin{cases} 1, \text{ falls der Auftrag } i \text{ dem Arbeitsplatz } j \\ \quad \text{zugeteilt wird,} \\ \\ 0 \text{ im entgegengesetzten Fall.} \end{cases}$$

Die Aufgabenstellung des Zuordnungsproblems läßt sich wie folgt formulieren: Gesucht ist das Minimum der

Zielfunktion

$$Z = \sum_{i=1}^{n} \sum_{j=1}^{n} c_{ij} x_{ij}, \tag{29}$$

wobei die BOOLEschen Variablen den Bedingungen

$$\sum_{i=1}^{n} x_{ij} = 1, \; j = 1, 2, \ldots, n \tag{30}$$

$$\sum_{j=1}^{n} x_{ij} = 1, \; i = 1, 2, \ldots, n \tag{31}$$

genügen müssen. (30) beinhaltet zusammen mit der $0-1$-Bedingung für die Variablen x_{ij}, daß jedem Arbeitsplatz nur ein Auftrag zugeordnet wird. Ebenso sichert (31), daß jeder Auftrag nur für einen Arbeitsplatz vorgesehen wird. Zusammen mit der $0-1$-Bedingung für die Variablen x_{ij} stellt $(29)-(31)$ ein lineares $0-1$-Problem dar.

Die Struktur der erhaltenen linearen $0-1$-Aufgabe wird deutlicher, wenn wir die $0-1$-Bedingungen für die Variablen x_{ij} durch die beiden Forderungen

$$x_{ij} \geqq 0, \; i, j = 1, 2, \ldots, n \tag{32}$$

$$x_{ij} \text{ ganzzahlig, } i, j = 1, 2, \ldots, n. \tag{33}$$

ersetzen. Das ist möglich, da eine ganzzahlige nichtnegative Variable x_{ij} wegen (30), (31) nur die Werte 0 oder 1 annehmen kann. Folglich läßt sich ein Zuordnungsproblem auch durch die ganzzahlige lineare Optimierungsaufgabe $(29)-(33)$ beschreiben. Durch $(29)-(33)$ wird eine diskrete Modellstruktur erklärt, so daß wir unabhängig von der Herleitung auch jede Aufgabe dieser Gestalt ein Zuordnungsproblem nennen.

Betrachten wir die Aufgabe $(29)-(33)$ genauer, erkennen wir, daß das Zuordnungsproblem eine spezielle ganzzahlige klassische Transportaufgabe ist, bei der die Bedarfs- und Versandmengen sämtlich gleich 1 sind und die Zahl der Bedarfsorte gleich der Zahl der Versandorte ist.

Folglich können wir nach den Ergebnissen von 3.1 in der Formulierung des Zuordnungsproblems auch die Ganzzahligkeitsforderungen (33) streichen.

Das Zuordnungsproblem gehört damit einer Aufgabenklasse an, deren weitere Behandlung wir im Rahmen dieses Taschenbuches ausgeklammert haben. Und trotzdem wollten wir bewußt nicht auf die Erörterung des Zuordnungsproblems verzichten. Zunächst erkennen wir, daß uns eine spezielle Transportaufgabe auch in einer ganz anderen Gestalt, nämlich in einer kombinatorischen Form, entgegentreten kann. Die Beschreibung des Problems durch Zielfunktion und Restriktionssystem war erst das Ergebnis eines mathematischen Transformationsprozesses. Ein ähnlicher Gedanke liegt auch der mathematischen Klassifizierung diskreter Probleme in 1.2 zugrunde. Wir haben dort zwischen Problemen mit Diskretheitsforderungen und kombinatorischen Problemen untergliedert und den fließenden Übergang innerhalb der Klassifizierung betont. Durch Satz 3 gewannen wir die Erkenntnis, daß ganzzahlige lineare Optimierungsaufgaben teilweise auch als kombinatorische Probleme aufgefaßt werden können. Jetzt haben wir am Beispiel des Zuordnungsproblems gesehen, daß auch der umgekehrte Weg möglich sein kann. Und trotzdem hat diese Untergliederung auch eine praktische Bedeutung. Wir sprechen von einem kombinatorischen Modell betont dann, wenn die Beschreibung der Menge der zulässigen Lösungen aus der Modellsituation heraus nicht durch ein Restriktionssystem erfolgt.

Wir wollen noch eine Bemerkung zur Struktur des Zuordnungsproblems anschließen. Die Variablen x_{ij} können als Elemente einer Matrix X aufgefaßt werden. Da die x_{ij} nur die Werte 0 oder 1 annehmen, handelt es sich um eine BOOLEsche *Matrix*. Eine quadratische Matrix mit der Eigenschaft (30)—(32) heißt *doppelt stochastische Matrix*, da sämtliche Zeilen- und Spaltensummen gleich 1 sind. Eine doppelt stochastische BOOLEsche Matrix wird *Permutationsmatrix* genannt. Bei einer Permutationsmatrix sind genau n Elemente gleich 1, während alle übrigen

Elemente den Wert Null besitzen. Weiterhin muß wegen (30), (31) jede Zeile und Spalte genau ein Element mit dem Wert 1 enthalten.

Betrachten wir die gewonnenen Ergebnisse in Verbindung mit der Lösungstheorie von Transportaufgaben, fällt die starke Degeneration auf. Eine nicht ausgeartete Basislösung hat bei einer gleichen Anzahl von Bedarfs- und Versandorten ($m = n$) genau $2n - 1$ von Null verschiedene Basisvariable. Aber ein Zuordnungsproblem kann ja nur n von Null verschiedene Basisvariable besitzen und ist daher ein stark ausgeartetes Transportproblem. Darin ist auch der numerische Reiz der Problematik zu erblicken. So sind spezielle Lösungsmethoden für das Zuordnungsproblem, wie etwa die ungarische Methode, entwickelt worden (siehe z. B. [7, 25]), die sich der starken Ausartung besonders gut anpassen können. Wir werden diesen Gedankengang hier jedoch nicht weiter verfolgen, da er uns zu sehr von der allgemeinen Problematik der diskreten Optimierung wegführen würde.

Typische Anwendungsmöglichkeiten des Zuordnungsproblems sind der Einsatz von Maschinen für bestimmte Aufgaben, die Zuordnung von Fahrzeugen zu gewissen Einsatzorten, die Zuordnung von Transportmitteln zu verschiedenen Transportaufgaben usw. (siehe etwa auch [17]).

3.3. Ganzzahlige Verteilungsprobleme

Eine praktisch besonders wichtige Verallgemeinerung des klassischen Transportproblems ist die Verteilungsaufgabe (auch *verallgemeinertes Transportproblem* oder *λ-Aufgabe* genannt). Die mathematische Formulierung der Verteilungsaufgabe fordert die Bestimmung des Minimums der Zielfunktion

$$Z = \sum_{i=1}^{m} \sum_{j=1}^{n} c_{ij} x_{ij}$$

unter den Restriktionen

$$\sum_{i=1}^{m} x_{ij} = a_j, \ j = 1, 2, \ldots, n,$$

$$\sum_{j=1}^{n} \lambda_{ij} x_{ij} \leqq b_i, \ i = 1, 2, \ldots, m,$$

$$x_{ij} \geqq 0, \ i = 1, 2, \ldots, m,$$

$$j = 1, 2, \ldots, n.$$

Treten nun noch Ganzzahligkeitsforderungen für einige oder für alle Variablen hinzu, haben wir es mit gemischt-ganzzahligen oder ganzzahligen Verteilungsaufgaben zu tun.

Eine ökonomische Modellsituation der Verteilungs-aufgabe kann durch das folgende Problem beschrieben werden (zu weiteren Modellen siehe etwa [24, 28]): Auf m Maschinen $M_1, M_2, \ldots, M_m$ können n Erzeugnisse E_1, $E_2, \ldots, E_n$ gefertigt werden. λ_{ij} bezeichnet die Zeit für die Bearbeitung eines Stückes des Erzeugnisses E_j auf der Maschine M_i, und c_{ij} seien die pro Erzeugnis E_j auf der Maschine M_i entstehenden Produktionskosten. Die verfügbare Maschinenzeit für die Maschine M_i sei b_i, und die zu produzierenden Stückzahlen vom Erzeugnis E_j sind durch a_j gegeben. Gesucht ist ein solcher Arbeits-verteilungsplan für die Maschinen, der die geforderten Erzeugnisstückzahlen garantiert, die verfügbare Maschi-nenkapazität berücksichtigt und die gesamten Produk-tionskosten zu einem Minimum macht. Im obigen Modell muß dann x_{ij} die Stückzahl von E_j bezeichnen, die mit der Maschine M_i gefertigt wird. Die Ganzzahligkeit aller Variablen x_{ij} ergibt sich durch die Bezugnahme auf Er-zeugnisstückzahlen. Dabei liegt es außerhalb unseres Interesses, ob infolge großer Stückzahlen für die Erzeug-nisse gegebenenfalls auf die Ganzzahligkeitsforderungen verzichtet (beachte dazu 2.1) und die Aufgabe als Verteilungsproblem ohne Ganzzahligkeitsforderungen betrachtet werden kann.

Das mathematische Modell des Verteilungsproblems besitzt zahlreiche praktische Anwendungen. Neben einer Reihe von Transportsituationen seien hier insbesondere vielfältige Problemstellungen der Standortoptimierung genannt (siehe dazu auch [52]). Bei einigen speziellen Verteilungsaufgaben ist die Ganzzahligkeit der Variablen unter gewissen Voraussetzungen automatisch gesichert, so daß die Ganzzahligkeitsforderungen nicht vorausgesetzt werden müssen. Dazu gehören z.B. die in 3.1 und 3.2 besprochenen Transport- und Zuordnungsprobleme, die offensichtlich Spezialfälle des Verteilungsproblems sind. Weiterhin seien hier Verteilungsaufgaben genannt, bei denen

$$\lambda_{ij} = \alpha_i \beta_j, \, i = 1, 2, \ldots, m,$$

$$j = 1, 2, \ldots, n$$

gilt. Sie lassen sich mittels einer einfachen Transformation auf ein Transportproblem zurückführen (siehe etwa [25]).

Die Transport-, Zuordnungs- und Verteilungsaufgaben bilden eine wichtige angewandte Problemklasse ganzzahliger Optimierungsmodelle.

4. Einige weitere Modellstrukturen der diskreten Optimierung

Nachdem wir uns im vorigen Kapitel mit einigen einfachen diskreten Modellsituationen vertraut gemacht haben, wollen wir jetzt weitere Anwendungen der diskreten Optimierung und typische diskrete Modellstrukturen vorstellen. Keineswegs werden wir dadurch die praktischen Aufgabenstellungen der diskreten Optimierung vollständig umreißen können (vgl. etwa auch [16, 17, 28]).

Vielmehr müssen wir uns darauf beschränken, die Weite der Anwendungsmöglichkeiten der diskreten Optimierung durch die folgenden Betrachtungen anzudeuten.

4.1. Modelle der Sortimentsplanung

Wir bemerkten bereits mehrfach, daß es eine Reihe von linearen Optimierungsmodellen gibt, bei denen sich zwangsläufig Ganzzahligkeitsforderungen durch die ökonomische Problemstellung ergeben. Eine derartige Problemsituation erläutern wir an Hand von Aufgaben der Planung des Produktionssortiments. Dabei beschreiben wir zwei Modelltypen:

1. Modelle für diskrete Fertigprodukte,
2. Modelle mit unteilbaren Einsatzgrößen.

Zunächst beschäftigen wir uns mit dem ersten Modelltyp, den wir aus der folgenden Problemstellung herleiten: Ein Betrieb fertigt ein Sortiment von n hochwertigen Erzeugnissen $E_1, E_2, \ldots, E_n$, die keine Massenprodukte sind und folglich nur in kleinen Stückzahlen produziert werden (z.B. Werkzeugmaschinen, Anlagen). Bezeichnen wir mit x_j die zu produzierende Menge des Erzeugnisses E_j, ist die Ganzzahligkeit der x_j zu fordern (würde die Produktion auch Massenerzeugnisse umfassen, ist für die entsprechenden x_j keine Ganzzahligkeit vorauszusetzen). Die dem Betrieb zur Verfügung stehenden m Einsatzgrößen (Arbeitsmittel, Arbeitsgegenstände, Arbeitskräfte usw.) sollen zur Produktion eines gewinnmaximalen Produktionssortiments verwendet werden.
Zur mathematischen Beschreibung des Problems führen wir folgende Bezeichnungen ein:

g_i Gewinn pro Einheit des Erzeugnisses E_i,

a_i verfügbare Kapazität der i-ten Einsatzgröße,

a_{ij} Verbrauch an Einsatzgröße i zur Produktion einer Einheit von E_j.

Das Optimierungsmodell lautet:

$$Z = \sum_{j=1}^{n} g_j\, x_j \; \max$$

$$\sum_{j=1}^{n} a_{ij} x_j \leqq a_i,\; i = 1, 2, \ldots, m$$

$$x_j \geqq 0,\; j = 1, 2, \ldots, n$$

$$x_j \text{ ganzzahlig},\; j = 1, 2, \ldots, n.$$

Wir haben eine ganzzahlige lineare Optimierungsaufgabe erhalten. Dabei ist es für unsere Betrachtungen belanglos, ob die Produktionsbedingungen des Betriebes gegebenenfalls weitere Nebenbedingungen erforderlich machen.

Führen wir, wie in der linearen Optimierung üblich, die Schlupfvariablen x_{n+1}, x_{n+2}, $\ldots$, x_{n+m} ein, geht das Optimierungsmodell in die Normalform

$$Z = \sum_{j=1}^{n} g_j\, x_j \; \max$$

$$\sum_{j=1}^{n} a_{ij} x_j + x_{n+i} = a_i,\; i = 1, 2, \ldots, m$$

$$x_j \geqq 0,\; j = 1, 2, \ldots, n + m$$

$$x_j \text{ ganzzahlig},\; j = 1, 2, \ldots, n$$

über. Dabei kann im allgemeinen die Ganzzahligkeit der Schlupfvariablen nicht vorausgesetzt (vgl. auch 1.3) und die Ganzzahligkeit der a_i, a_{ij} nicht erwartet werden. Die Schlupfvariablen lassen sich nämlich ökonomisch als Restkapazitäten an Einsatzgrößen (also an Arbeitsmitteln, Arbeitsgegenständen, Arbeitskräften usw.) interpretieren, deren Ganzzahligkeit keineswegs aus der Ganzzahligkeit der Modellvariablen zu folgern ist. Daher ist die Normalform als gemischt-ganzzahlige lineare Optimierungsaufgabe zu behandeln.

Zur Angabe eines Modells mit unteilbaren Einsatzgrößen knüpfen wir an die Normalform der obigen Optimierungsaufgabe an. Die Schlupfvariablen x_{n+i} repräsentieren die Restkapazitäten der Einsatzgrößen. Handelt es sich bei den Einsatzgrößen z. B. um unteilbare Produktionsfaktoren, wie chemische Anlagen, Hochöfen, Energieaggregate usw., ist nur die Anwendung ganzer Einheiten dieser Einsatzgrößen möglich oder vertretbar, und folglich müssen auch die Restkapazitäten ganzzahlig sein. Dagegen kann auf die Ganzzahligkeitsforderungen für die Variablen x_j verzichtet werden, falls die Fertigprodukte nicht unteilbar sind. In der Zielfunktion werden wir eine Korrektur dahingehend vornehmen, daß die Nichtbeanspruchung von Teilen der Einsatzgrößen mit Kosten belegt wird. Bezeichnen wir mit k_i die Kosten für die Nichtbeanspruchung einer Einheit der Einsatzgröße i im betrachteten Zeitraum, lautet das mathematische Modell:

$$Z = \sum_{j=1}^{n} g_j x_j - \sum_{i=1}^{m} k_i x_{n+i} \text{ max}$$

$$\sum_{j=1}^{n} a_{ij} x_j + x_{n+i} - a_i, \ i = 1, 2, \ldots, m$$

$$x_j \geq 0, \ j = 1, 2, \ldots, n + m$$

$$x_{n+i} \text{ ganzzahlig}, \ i = 1, 2, \ldots, m.$$

$a_i - x_{n+i}$ gibt die Anzahl der beanspruchten Einheiten der Einsatzgröße i an, die bei Ganzzahligkeit von a_i und x_{n+i} ebenfalls ganzzahlig ist. Das erhaltene Modell stellt eine gemischt-ganzzahlige lineare Optimierungsaufgabe dar.

Ist neben der Ganzzahligkeit der Restkapazitäten x_{n+i} auch noch die Ganzzahligkeit der Fertigproduktmengen x_j zu fordern, sind die Nebenbedingungen des Optimierungsmodells in der Form

$$\sum_{j=1}^{n} a_{ij} x_j + x_{n+i} \leq a_i, \ i = 1, 2, \ldots, m$$

zu schreiben, da die Erfüllung der Gleichheit bei ganzzahligen x_j, x_{n+i} im allgemeinen nicht möglich sein wird.

4.2. *Investitionsmodelle*

Ein weites Anwendungsfeld findet die diskrete Optimierung bei der Planung von Investitionen. Die Projektierung neuer Betriebe, die Spezialisierung der Produktion, die vielfältigsten Rekonstruktionsmaßnahmen usw. sind Aufgaben von größter volkswirtschaftlicher Bedeutung. In jedem Betrieb stellen die Investitionsmaßnahmen einen wesentlichen Anteil der langfristigen Entscheidungen dar. Bei volkswirtschaftlichen Investitionen werden z.T. beachtliche finanzielle Mittel gebunden. Da bei derartigen Modellen vielfach der Raumfaktor eine wesentliche Rolle spielt, werden Investitionsprobleme häufig durch Verallgemeinerungen des Transportproblems beschrieben. Wir wollen hier ein Investitionsproblem betrachten, das auf eine lineare Optimierungsaufgabe mit Ganzzahligkeitsforderungen führt. Dazu greifen wir unter der Vielzahl der bekannten Investitionsmodelle ein einfaches *Problem der optimalen Kapazitätserweiterung* heraus (siehe auch [16]).

Ein Betrieb stellt n Erzeugnisse $E_1, E_2, \ldots, E_n$ her, zu deren Produktion m Fertigungsanlagen $A_1, A_2, \ldots, A_m$ eingesetzt werden. Die Fertigungsanlagen besitzen eine begrenzte Einsatzkapazität, die durch Kapazitätserweiterung sprunghaft erhöht werden soll. Die Zahl der möglichen Sprünge ist dabei für die einzelnen Fertigungsanlagen begrenzt. Die durch die Kapazitätserweiterung entstehenden Kosten (einschließlich der Amortisation der Investitionen) werden als durchschnittliche feste Kosten pro Monat ausgewiesen. Außerdem entstehen Gemeinkosten, die von der Kapazitätserweiterung unabhängig sind.

Zur Aufstellung des Modells führen wir folgende Bezeichnungen ein:

x_i Produktionsumfang des Erzeugnisses E_i, $i = 1, 2, \ldots, n$ in einem Monat,

x_{n+j} Anzahl der sprunghaften Erweiterung der Fertigungsanlage A_j, $j = 1, 2, \ldots, m$,

g_i modifizierter Gewinn (Differenz zwischen Erlös und proportionalen Kosten) pro Einheit des Erzeugnisses E_i, $i = 1, 2, \ldots, n$,

k_j zusätzliche monatliche Gemeinkosten bei Erweiterung der Anlage A_j, $j = 1, 2, \ldots, m$ um einen Sprung,

K von der Kapazitätserweiterung unabhängige monatliche Gemeinkosten,

a_{ij} Produktionszeit pro Mengeneinheit des Erzeugnisses E_i, $i = 1, 2, \ldots, n$ auf der Fertigungsanlage A_j, $j = 1, 2, \ldots, m$,

a_j monatliche Kapazität der Anlage A_j vor der Kapazitätserweiterung,

b_j zusätzliche monatliche Kapazität bei Erweiterung der Anlage A_j um einen Sprung,

m_j maximale Zahl der möglichen Sprünge für die Fertigungsanlage A_j.

Das mathematische Modell des beschriebenen Problems der optimalen Kapazitätserweiterung lautet:

$$Z = \sum_{i=1}^{n} g_i x_i - \sum_{j=1}^{m} k_j x_{n+j} - K \text{ max}$$

$$\sum_{i=1}^{n} a_{ij} x_j \leqq a_j + b_j x_{n+j}, \, j = 1, 2, \ldots, m$$

$$x_{n+j} \leqq m_j, \, j = 1, 2, \ldots, m$$

$$x_i \geqq 0, \, i = 1, 2, \ldots, n$$

$$x_{n+j} \geqq 0, \, j = 1, 2, \ldots, m$$

$$x_{n+j} \text{ ganzzahlig}, \, j = 1, 2, \ldots, m.$$

Als Zielfunktion betrachten wir dabei die Differenz zwischen dem gesamten modifizierten Gewinn und den monatlichen Gemeinkosten. Die Nebenbedingungen beinhalten, daß die monatliche Produktionszeit jeder Fertigungsanlage A_j durch die vorhandene Kapazität a_j und die durch die sprunghafte Erweiterung sich ergebende zusätzliche Kapazität $b_j x_{n+j}$ nach oben beschränkt ist. Außerdem werden die ganzzahligen Sprungzahlvariablen x_{n+j} durch obere Schranken begrenzt. Die Ganzzahligkeitsforderungen beziehen sich nur auf die Variablen x_{n+j}, so daß wir eine gemischt-ganzzahlige lineare Optimierungsaufgabe gefunden haben.

Ist für eine Fertigungsanlage A_j keine Kapazitätserweiterung vorgesehen, kann die entsprechende Variable x_{n+j} gleich Null gesetzt werden. Ebenso fällt die Beschränkung $x_{n+j} \leqq m_j$ weg, falls für eine Fertigungsanlage A_j eine unbegrenzte Kapazitätserweiterung möglich erscheint.

4.3. *Das Rucksackproblem*

Ein besonders einfaches Beispiel einer linearen Optimierungsaufgabe mit Ganzzahligkeitsforderungen ist das sogenannte Rucksackproblem, das auch *Tornisterproblem* oder, dem angelsächsischen Sprachgebrauch entlehnt, *Knapsack-Problem* genannt wird. In der Literatur zieht man es vielfach zur Erläuterung von Lösungsgedanken der ganzzahligen Optimierung heran. Wir wollen das Rucksackproblem aus einer Modellsituation der *Investitionsplanung* herleiten.

Ein Industriezweig hat die Möglichkeit, die ihm zur Verfügung stehende Investitionssumme a auf n Investitionsprojekte $P_1, P_2, \ldots, P_n$ aufzuteilen. Jedes Projekt P_j erfordert eine nicht teilbare Investitionssumme a_j und würde einen zu erwartenden Nutzen c_j erbringen. Gesucht ist eine solche Aufteilung der Investitionssumme a, daß ein maximaler Gesamtnutzen erzielt wird.

Führen wir die Variablen

$$x_j = \begin{cases} 1, \text{ falls in das Projekt } P_j \text{ investiert wird} \\ 0 \text{ anderenfalls} \end{cases}$$

ein, lautet das mathematische Modell

$$Z = c_1 x_1 + c_2 x_2 + \cdots + c_n x_n \max$$
$$a_1 x_1 + a_2 x_2 + \cdots + a_n x_n \leqq a$$
$$x_j = \begin{cases} 0 \\ 1 \end{cases}, j = 1, 2, \ldots, n.$$

Für das Rucksackproblem ist es charakteristisch, daß die lineare $0-1$-Aufgabe nur eine einzige Nebenbedingung enthält.

Der Name „Rucksackproblem" wurde aus einer Modellsituation hergeleitet, die sich wie folgt beschreiben läßt: Ein Bergsteiger möchte auf eine Bergtour n Gegenstände mitnehmen, wobei sein Tragevermögen durch das Gesamtgewicht u begrenzt ist. Von jedem Gegenstand ist das Einzelgewicht a_j bekannt. Außerdem wird jedem Gegenstand ein Wert c_j zugeordnet, der seine Bedeutung bei der Bergtour widerspiegelt. Es ist eine solche Auswahl unter den Gegenständen zu treffen, die einen maximalen Gesamtwert sichert und das Tragevermögen des Bergsteigers berücksichtigt. Die $0-1$-Variable x_j repräsentiert dann in dem Modell, ob der j-te Gegenstand mitgenommen wird oder nicht.

Beim *mehrdimensionalen Rucksackproblem* können noch einige weitere Nebenbedingungen (z.B. wird auch noch der Gesamtumfang der Gegenstände für die Bergtour beschränkt) auftreten. Bei einer anderen Erweiterung des Rucksackproblems fordert man die Ganzzahligkeit der Variablen x_j (nicht die $0-1$-Bedingung für x_j), gibt aber gleichzeitig ganzzahlige obere Schranken d_j für die Variablen vor, so daß die Nebenbedingungen

$$x_j \leqq d_j, j = 1, 2, \ldots, n$$

zu ergänzen sind.

4.4. *Das Lokalisationsproblem*

Mathematisch ist das Lokalisationsproblem mit dem in 3.2 betrachteten Zuordnungsproblem verwandt. Die

Unterschiede beziehen sich zunächst auf die Zielfunktion, die beim Lokalisationsproblem quadratisch und beim Zuordnungsproblem linear ist. Daher wird das Lokalisationsproblem auch vielfach *quadratisches Zuordnungsproblem* genannt. Weiterhin wird beim Zuordnungsproblem z.B. jeder Maschine nur ein Standort zugeordnet, während man beim Lokalisationsproblem zwischen jeder Maschine und jedem Standort eine proportionale Beziehung herstellt.

Zur Entwicklung des mathematischen Modells betrachten wir folgende Modellsituation: n Maschinen M_1, $M_2, \ldots, M_n$ können in einer Maschinenhalle an n Standorten $S_1, S_2, \ldots, S_n$ installiert werden. Dabei wird vorausgesetzt, daß sich jede Maschine an jedem Standort aufstellen läßt. Gegeben sind die Entfernungen d_{ij} des Standortes S_i vom Standort S_j sowie die Transportmengen m_{rs}, die von der Maschine M_r zur Maschine M_s transportiert werden müssen. Bezeichnen wir als Transportumfang das Produkt aus Transportmenge und Transportentfernung, wird dem Transportweg von S_i nach S_j der Transportumfang $d_{ij}m_{rs}$ zugeordnet, falls in S_i die Maschine M_r und in S_j die Maschine M_s installiert werden (Abb. 5). Gesucht ist eine solche Zuordnung der Maschinen zu den Standorten, die jeder Maschine einen Standort und jedem Standort eine Maschine so zuteilt, daß der gesamte Transportumfang zu einem Minimum gemacht wird.

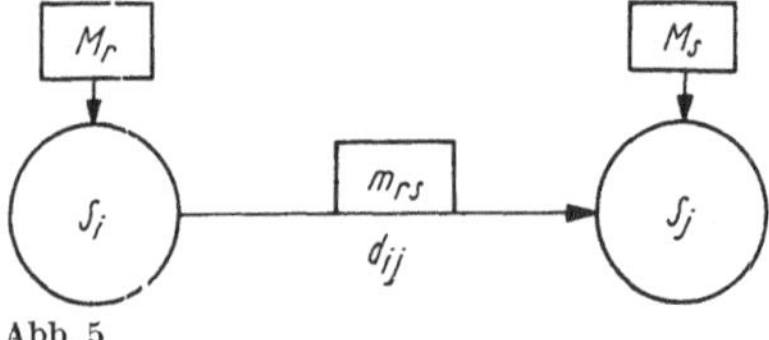

Abb. 5

Zur Herleitung des mathematischen Modells führen wir die Booleschen Variablen

$$x_{ir} = \begin{cases} 1, & \text{falls die Maschine } M_r \text{ im Standort } S_i \\ & \text{installiert wird} \\ 0 & \text{im entgegengesetzten Fall} \end{cases}$$

ein. Die Zielfunktion können wir in der Form

$$Z = \sum_{i=1}^{n} \sum_{j=1}^{n} \sum_{r=1}^{n} \sum_{s=1}^{n} d_{ij} m_{rs} x_{ir} x_{js} \ \min$$

schreiben. Zusammen mit der 0—1-Bedingung für die Variablen drückt sie aus, daß ein Transportumfang $d_{ij}m_{rs}$ nur anfällt, wenn M_r in S_i und M_s in S_j installiert werden. Diese einzelnen Transportumfänge sind über alle n^2 Standortpaare $S_i \rightarrow S_j$ und alle n^2 Maschinenpaare $M_r \rightarrow M_s$ zu summieren. Die noch hinzukommenden Nebenbedingungen

$$\sum_{i=1}^{n} x_{ir} = 1,\ r = 1, 2, \ldots, n$$

$$\sum_{r=1}^{n} x_{ir} = 1,\ i = 1, 2, \ldots, n$$

sichern wie beim Zuordnungsproblem, daß jeder Maschine nur ein Standort und umgekehrt zugeordnet wird.

Vielfach beschreibt man das Lokalisationsproblem auch in der Form, daß verschiedenen Funktionen Räume zuzuordnen sind. Daher hat sich auch der Name *Raumzuordnungsproblem* eingebürgert. So können sich z.B. in einem Krankenhaus die Funktionen in den Zimmerarten (Patientenzimmer, Arztzimmer, Schwesternzimmer, Bestrahlungszimmer usw.) ausdrücken. Zwischen den Funktionen bestehen Verkehrsfrequenzen, die sich etwa in der Häufigkeit der im Tagesdurchschnitt zwischen ihnen zurückgelegten Wege widerspiegeln. Als optimal wird eine Raumzuordnung bezeichnet, die die Summe der Produkte zwischen Raumentfernung und Verkehrsfrequenz minimiert.

Das Lokalisationsproblem tritt in der Praxis in den unterschiedlichsten Beschreibungen auf. Dabei handelt es sich immer um folgende allgemeine Aufgabenstellung: Gegeben sind zwei Mengen mit je n Elementen (z.B. Standorte und Maschinen). Zwischen den Elementen jeder Menge sind bekannte Beziehungen gegeben (Entfernungen und Transportmengen). Gesucht ist eine Zuordnung der Elemente der einen Menge auf die der anderen, bei der die Summe der Produkte der Beziehungen zwischen den einander zugeordneten Elementen minimal wird.

4.5. *Das Rundfahrtproblem*

In der Literatur wird das Rundfahrtproblem auch *Rundreiseproblem, Traveling-Salesman-Problem* oder *Problem des Handelsreisenden* genannt. Diese Bezeichnungen entsprechen der folgenden Modellsituation, von der man gewöhnlich bei der Erklärung des Problems ausgeht: Ein Reisender will auf einer Rundfahrt n verschiedene Orte $P_1, P_2, \ldots, P_n$ nacheinander aufsuchen. Ausgehend von dem Ort P_1 sollen die übrigen $n - 1$ Orte genau einmal nacheinander besucht werden. Die Rundfahrt muß wieder im Ort P_1 enden. Gesucht ist die Festlegung einer solchen Reihenfolge der Orte, daß der gesamte Reiseweg minimal wird.

Zur mathematischen Modellierung bezeichnen wir mit d_{ij} die Entfernung vom Ort P_i zum Ort P_j. Dabei braucht nicht notwendig $d_{ij} = d_{ji}$ zu gelten. Offensichtlich gibt es $(n - 1)!$ verschiedene Möglichkeiten der Rundfahrt. Jede Rundfahrt besteht aus einer Folge von n Touren. Die erste Tour beginnt im Ort P_1, während die letzte Tour in P_1 endet.

Wir setzen

$$x_{ijk} = \begin{cases} 1, & \text{falls die } k\text{-te Tour von } P_i \text{ nach } P_j \text{ führt} \\ 0 & \text{anderenfalls.} \end{cases}$$

Die Rundfahrt mit dem kürzesten Reiseweg wird durch die Zielfunktion

$$Z = \sum_{i=1}^{n} \sum_{j=1}^{n} \sum_{k=1}^{n} d_{ij} x_{ijk} \; \min$$

beschrieben. Weiterhin treten folgende Gruppen von Nebenbedingungen auf:

1. Jede Tour beginnt in einem Ort P_i und endet in einem Ort P_j

$$\sum_{i=1}^{n}\sum_{j=1}^{n} x_{ijk} = 1,\; k = 1, 2, \ldots, n.$$

2. In jedem Ort P_i darf nur eine Tour beginnen

$$\sum_{j=1}^{n}\sum_{k=1}^{n} x_{ijk} = 1,\; i = 1, 2, \ldots, n.$$

Dabei muß für $j = 1$ in der Summation $k = n$ und umgekehrt folgen, da der Ort P_1 Endpunkt genau der n-ten Tour sein soll.

3. In jedem Ort P_j darf nur eine Tour enden

$$\sum_{i=1}^{n}\sum_{k=1}^{n} x_{ijk} = 1,\; j = 1, 2, \ldots, n.$$

Für $i = 1$ ist in der Summation $k = 1$ und umgekehrt zu fordern, da P_1 Ausgangspunkt genau der ersten Tour ist.

4. Die angegebenen drei Gruppen von Nebenbedingungen reichen zur Formulierung des Rundfahrtproblems noch nicht aus. So findet man in [20] das in Abb. 6 veranschaulichte Beispiel für sieben Orte, bei dem Kurz-

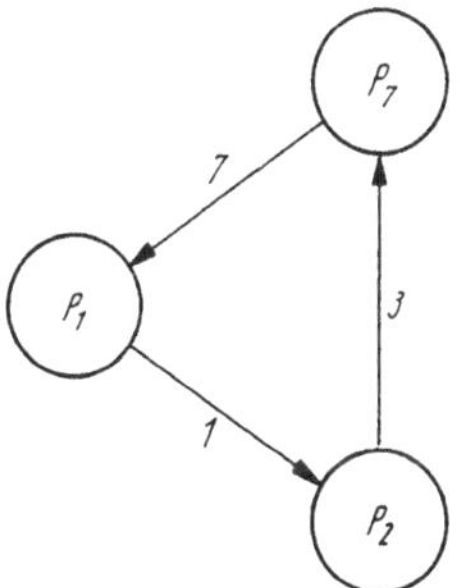

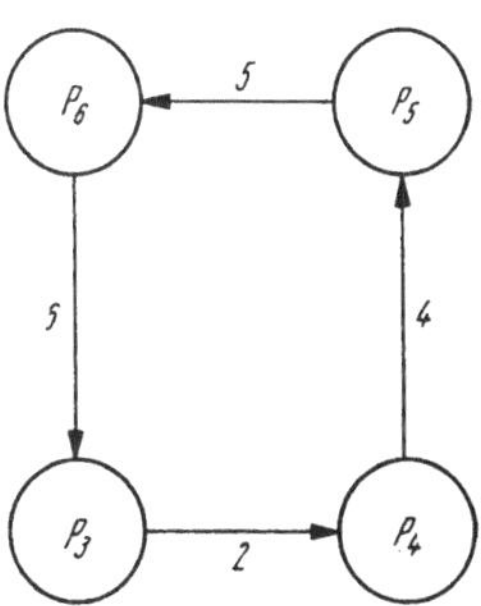

Abb. 6

zyklen auftreten, obwohl alle bisher formulierten Bedingungen offensichtlich erfüllt sind. Die Touren sind durch gerichtete Strecken veranschaulicht, neben denen die Tourennummern angegeben sind. Das Auftreten derartiger Kurzzyklen wird durch die Forderung verhindert, daß die $(k + 1)$-te Tour im Ort P_j beginnen muß, wenn die k-te Tour in P_j endete

$$\sum_{i=1}^{n} x_{ijk} = \sum_{r=1}^{n} x_{jr,k+1}, \; j = 1, 2, \ldots, n, \; k = 1, 2, \ldots, n - 1.$$

Damit haben wir das Rundfahrtproblem durch eine lineare 0—1-Aufgabe beschrieben. Andere Formulierungen des Rundfahrtproblems findet man z. B. in [11, 17, 28].

Das Rundfahrtproblem besitzt viele interessante praktische Anwendungen. So hat man im Großhandel bei der Planung der Fahrtrouten festzulegen, in welcher Reihenfolge Einzelhandelsgeschäfte beliefert werden sollen. Dabei braucht das Ziel der Optimierung nicht immer die Minimierung des Reiseweges zu sein. Häufig versucht man auch die Rundreise in minimaler Zeit oder mit minimalen Kosten zu ermitteln. Auch Probleme der *industriellen Fertigung* lassen sich als Rundfahrtproblem formulieren. Am bekanntesten ist das *Umrüstkostenproblem*, bei dem man eine Anzahl von Produkten betrachtet, die nacheinander auf derselben Maschine bearbeitet werden sollen. Die Umrüstkosten sind von der Aufeinanderfolge zweier Produkte abhängig. Gesucht wird die Bearbeitungsfolge mit den geringsten Umrüstkosten.

Eine geringe Veränderung der Modellsituation liegt beim *Problem mit offenem Ausgang* vor, bei dem der Reisende nicht zum Ausgangsort zurückzukehren braucht, sondern seine Reise in einem beliebigen anderen Ort beenden kann. Dagegen wird beim *Durchfahrtproblem* der Zielort, der jedoch vom Ausgangsort verschieden ist, fest vorgegeben. Zu weiteren Verallgemeinerungen des Rundfahrtproblems sei auf [38] verwiesen.

4.6. Reihenfolgeprobleme

Versteht man unter einem Reihenfolge- oder *Ablaufplanungsproblem* eine Aufgabe, bei der für gewisse Elemente eine optimale Reihenfolge unter einer Anzahl möglicher Anordnungen gesucht wird, ist auch das eben besprochene Rundfahrtproblem als ein Reihenfolgeproblem aufzufassen. Meist beschreibt man die Reihenfolgeprobleme als *Maschinenbelegungsprobleme* und sieht sogar die beiden Bezeichnungen als gleichwertig an. Mit solchen als Reihenfolgeprobleme aufgefaßten Aufgaben der Maschinenbelegungsplanung wollen wir uns im folgenden beschäftigen.

Das zentrale Problem im Fertigungsprozeß liegt in Betrieben, die keine überwiegende Fließfertigung haben, im allgemeinen in der Maschinenbelegungsplanung. Die einzelnen Aufträge laufen bei ihrer Bearbeitung in verschiedenen Reihenfolgen über die Maschinen. Außerdem werden die Bearbeitungszeiten der Aufträge auf den Maschinen unterschiedlich sein. Daher sind im Produktionsablauf Wartezeiten der Aufträge und Stillstandszeiten der Maschinen unvermeidbar. Es ist festzulegen, welche Aufträge auf welchen Maschinen bearbeitet werden sollen. Die Reihenfolgeproblematik wird durch die begrenzte Maschinenkapazität verursacht, die zum zeitlichen Nacheinander der Bearbeitung der einzelnen Aufträge zwingt. Je begrenzter die Maschinenkapazität ist, desto schwieriger ist die Aufstellung eines guten Maschinenbelegungsplanes. Da die Warte- und Stillstandszeiten von der Bearbeitungsreihenfolge der Aufträge auf den einzelnen Maschinen abhängig sind, kommt es bei der Maschinenbelegungsplanung darauf an, die Reihenfolge der Aufträge an den Maschinen so festzulegen, daß ein maximaler Nutzeffekt (z.B. minimale Produktionsdauer, minimale Stillstandszeiten, minimale Produktionskosten) erzielt wird. Sind die Arbeitskräfte den Maschinen nicht fest zugeordnet, kann mit der Maschinenbelegungsplanung gleichzeitig eine Arbeitskräfteplanung verbunden sein. Daraus

erkennt man schon, daß die Probleme der Maschinenbelegungsplanung außerordentlich vielfältig sind. Gemein-
sam ist den praktischen Problemen im allgemeinen die
recht große Zahl von Aufträgen und Maschinen.

Zur genaueren Beschreibung der von uns zu betrach-
tenden Problemsituation gehen wir, wie in [16], von folgender Aufgabenstellung aus: In einer Betriebsabteilung
sind n Aufträge $A_1, A_2, \ldots, A_n$ auf m Maschinen $M_1,
M_2, \ldots, M_m$ zu bearbeiten. Der Produktionsprozeß möge
folgenden Grundvoraussetzungen genügen:

1. Die gleichzeitige Bearbeitung von zwei Aufträgen auf
   einer Maschine ist nicht möglich.
2. Die gleichzeitige Bearbeitung eines Auftrages auf meh-
   reren Maschinen ist nicht möglich.
3. Für jeden Auftrag ist eine technologische Reihenfolge
   festgelegt, welche die Bearbeitungsreihenfolge des Auftrages auf den Maschinen vorgibt.
4. Hat die Bearbeitung eines Auftrages auf einer Maschine begonnen, muß die Bearbeitung auf der Maschine abgeschlossen werden. Eine Unterbrechung der
   Bearbeitung ist also nicht zulässig.

Bei der Maschinenbelegungsplanung unterscheiden wir
zwischen der vorgegebenen technologischen Reihenfolge
und der zu bestimmenden organisatorischen Reihenfolge.
Die *technologische Reihenfolge* legt für jeden Auftrag A_i
fest, in welcher zeitlichen Aufeinanderfolge seine Bearbeitung auf den Maschinen durchgeführt werden muß:

$$M_{i_1}, M_{i_2}, \ldots, M_{i_m}.$$

Die *organisatorische Reihenfolge* schreibt für jede Maschine
M_j vor, in welcher Reihenfolge die einzelnen Aufträge zu
bearbeiten sind:

$$A_{j_1}, A_{j_2}, \ldots, A_{j_n}.$$

Natürlich kann eine Maschine M_{i_r} erst dann mit der Bearbeitung eines Auftrages beginnen, wenn auf Grund der

technologischen Reihenfolge der Auftrag bereits von den Maschinen

$$M_{i_1}, M_{i_2}, \ldots, M_{i_{r-1}}$$

bearbeitet wurde. Dadurch werden zusätzliche Abhängigkeiten bei der Festlegung der organisatorischen Reihenfolge geschaffen. Neben den *Bearbeitungszeiten* a_{ij} des Auftrages A_i auf der Maschine M_j müssen wir die *Stillstands-* und *Wartezeiten* berücksichtigen. *Umrüstzeiten* der Maschinen sollen in den Bearbeitungszeiten enthalten sein.

Beispiel: Wir wollen die aufgeworfene Problematik noch an einem Beispiel verdeutlichen. Dazu betrachten wir eine Betriebsabteilung, die drei Aufträge A_1, A_2, A_3 auf vier Maschinen M_1, M_2, M_3, M_4 zu bearbeiten hat. Für die Aufträge liegen die folgenden technologischen Reihenfolgen fest

$$A_1: M_1, M_3, M_4$$
$$A_2: M_1, M_2, M_4, M_3$$
$$A_3: M_2, M_4, M_3,$$

die in Abb. 7 veranschaulicht sind. Wir erkennen, daß für die Aufträge unterschiedliche Maschinenfolgen vorgegeben sind und nicht jeder Auftrag auf allen Maschinen bearbeitet wird.

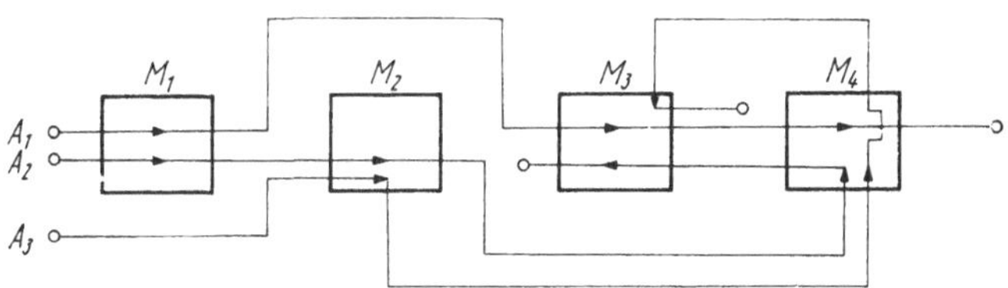

Abb. 7

Die Bearbeitungszeiten (in Tagen) der Aufträge auf den Maschinen können der Bearbeitungszeittabelle entnommen werden.

Bearbeitungszeittabelle:

	M_1	M_2	M_3	M_4
A_1	1	—	3	1
A_2	3	2	1	1
A_3	—	3	1	1

In Abb. 8 ist entsprechend den vorgegebenen Bearbeitungszeiten und technologischen Reihenfolgen ein Maschinenbelegungsplan graphisch dargestellt. Auf Grund dieses Maschinenbelegungsplanes würde z. B. die Maschine M_2 die ersten drei Tage den Auftrag A_3 bearbeiten und nach einem Tag Stillstand zwei Tage für A_2 eingesetzt werden. Ebenso ist aus Abb. 8 die Bearbeitungsfolge der Aufträge zu entnehmen. Zum Beispiel wird der Auftrag A_3 in den ersten drei Tagen auf M_2 bearbeitet. Nach einem Tag Wartezeit schließt sich am 5. und 6. Tag die Bearbeitung auf den Maschinen M_3 bzw. M_4 an. Die organisatorischen Reihenfolgen sind also:

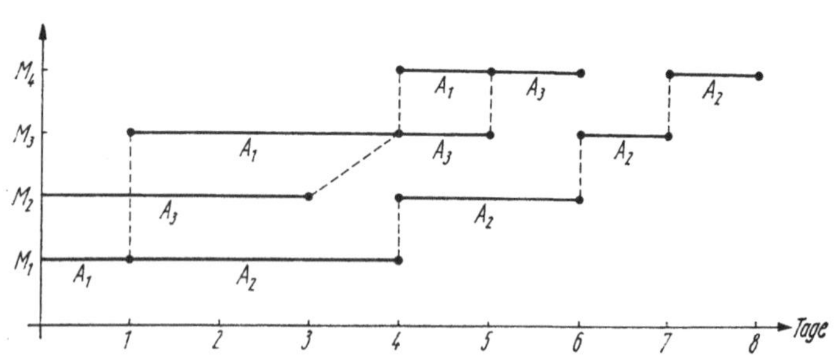

Abb. 8

$$M_1: A_1, A_2$$
$$M_2: A_3, A_2$$
$$M_3: A_1, A_3, A_2$$
$$M_4: A_1, A_3, A_2.$$

5 Dück

In den acht Tagen ergeben sich folgende Stillstandszeiten der Maschinen:

$$M_1\text{: 4 Tage (4.}-\text{8. Tag)}$$

$$M_2\text{: 3 Tage (4., 7., 8. Tag)}$$

$$M_3\text{: 3 Tage (1., 6., 8. Tag)}$$

$$M_4\text{: 5 Tage (1.}-\text{4., 7. Tag).}$$

Nur für A_3 tritt am 4. Tag Wartezeit auf. Sämtliche drei Aufträge sind nach acht Tagen fertig. Jedoch kann über A_1 schon nach 5 Tagen und über A_3 nach 6 Tagen verfügt werden.

Die Festlegung einer organisatorischen Reihenfolge für eine Maschine M_j können wir als Bestimmung einer Permutation $j_1, j_2, \ldots, j_n$ der Zahlen $1, 2, \ldots, n$ interpretieren. Damit gibt es für jede Maschine $n!$ verschiedene organisatorische Reihenfolgen. Bei m Maschinen haben wir $(n!)^m$ Reihenfolgen. Für 10 Aufträge und 8 Maschinen sind das bereits weit über 10^{52} Reihenfolgen. Würde ein moderner Rechenautomat für die Berechnung einer Variante nur 10^{-6} Sekunden benötigen, müßte er über 10^{39} Jahre ohne Unterbrechung rechnen, wenn er alle Varianten betrachten wollte. Auch die Hoffnung auf noch schnellere Rechenautomaten kann an dieser Grundtatsache nichts ändern! Gleichzeitig läßt das ahnen, welche Erwartungen wir an die Methoden der mathematischen Optimierung stellen, falls wir derartige Probleme einer exakten Lösung zuführen möchten. Für das obige Beispiel enthält Abb. 8 nur einen von $(3!)^4 = 1296$ gegebenenfalls möglichen Maschinenbelegungsplänen. Bei praktischen Problemen sind aber 10 000 Aufträge und 500 Maschinen keine Seltenheit. Natürlich entspricht nicht jede dieser Reihenfolgen den geforderten Bedingungen. Das ändert aber nichts an der Tatsache, daß wir es beim Maschinenbelegungsproblem mit einer unübersehbaren Zahl von Varianten zu tun haben.

Die mathematischen Probleme der Maschinenbelegungsplanung werden unter verschiedenartigen Zielstellungen betrachtet, von denen wir hier nur folgende nennen wollen:

1. Minimierung der gesamten Stillstandszeiten der Maschinen,
2. Minimierung der gesamten Wartezeiten der Aufträge,
3. Minimierung der Zeit für die Fertigstellung des gesamten Fertigungsprogrammes,
4. Minimierung des Kostenaufwandes, der durch die Zwischenlagerung der Aufträge entsteht,
5. Minimierung der gesamten Kosten für die Durchführung des Fertigungsprogrammes.

Alle diese Zielstellungen sind im allgemeinen nicht miteinander vereinbar. Meist wird die erste, dritte oder fünfte Zielstellung gewählt. Mit der ersten Zielstellung kommt man häufig auch einer Kostenminimierung recht nahe (Kosten für Maschinenstillstand und entsprechenden Arbeitslohn). Die dritte Zielstellung ist auf eine Minimierung der Verluste durch Bindung von Umlaufmitteln ausgerichtet. Untersuchungen im Maschinenbau ergaben (siehe [26]), daß die Verluste durch Wartezeiten für Maschinen und Arbeitskräfte das 30- bis 100fache der Verluste durch Umlaufmittelbindung betragen. Zur Problematik der Wahl des Zielkriteriums bei Maschinenbelegungsproblemen sei auch auf [38] verwiesen.

Mit dieser Beschreibung von Maschinenbelegungsproblemen haben wir keineswegs die Vielzahl der praktisch interessanten Problemstellungen erschöpft. Andererseits zwingen die numerischen Lösungsmöglichkeiten zu weiteren scharfen Einschränkungen der Problematik. So wird in der Literatur fast ausnahmslos dieselbe technologische Reihenfolge für alle Aufträge vorausgesetzt. Dieser Fall ist in Abb. 9 im Vergleich zum allgemeinen Fall von Abb. 7 veranschaulicht. Gelegentlich wird auch gestattet, daß zwar für alle Aufträge dieselbe technologische Reihenfolge eingehalten werden muß, aber dabei ein Überspringen von Maschinen zulässig ist. So überspringt in Abb. 10 der Auftrag A_1 die Maschine M_2 und der Auftrag A_3 die Maschinen M_1 und M_3.

5*

Werden alle Aufträge in derselben technologischen Reihenfolge bearbeitet, kann man die Anordnung der Maschinen so vornehmen, daß für jeden Auftrag A_i die zeitliche Aufeinanderfolge der Bearbeitung auf den Maschinen durch

$$M_1, M_2, \ldots, M_m$$

gegeben ist.

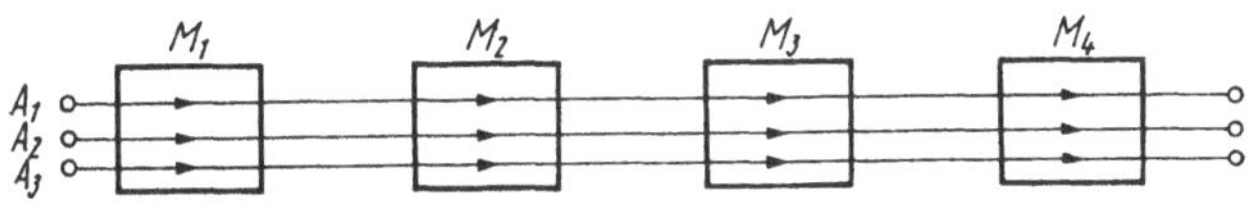

Abb. 9

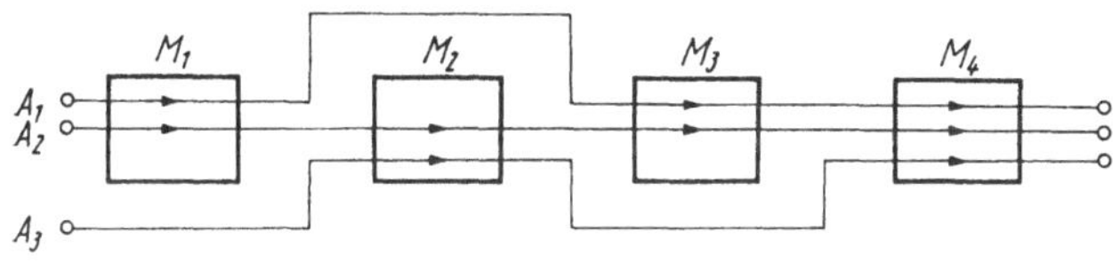

Abb. 10

Beim *klassischen Maschinenbelegungsproblem* fordert man zusätzlich, daß auf allen Maschinen die Aufträge auch in derselben zeitlichen Reihenfolge bearbeitet werden. Durch diese Festlegung ist keineswegs die organisatorische Reihenfolge fest vorgegeben. Sie bedeutet vielmehr nur, daß, falls z. B. auf der Maschine M_1 die Aufträge in der Reihenfolge $A_{j_1}, A_{j_2}, \ldots, A_{j_n}$ bearbeitet werden, die gleiche Reihenfolge bei allen anderen Maschinen eingehalten werden muß. Also haben wir eine solche Permutation $j_1, j_2, \ldots, j_n$ der Zahlen $1, 2, \ldots, n$ zu bestimmen, die zu einem Optimum des Zielkriteriums führt, wenn die Aufträge auf allen Maschinen in der zeitlichen Reihenfolge

$$A_{j_1}, A_{j_2}, \ldots, A_{j_n}$$

bearbeitet werden.

Durch die getroffenen Festlegungen reduziert sich beim klassischen Maschinenbelegungsproblem die Zahl der gegebenenfalls möglichen Reihenfolgen auf $n!$. Das ist eine ganz wesentliche Einschränkung der Zahl der möglichen Varianten gegenüber dem allgemeinen Fall. Benötigt der Rechenautomat, wie oben angenommen, für die Berechnung einer Variante 10^{-6} Sekunden, kann ein Problem mit $n = 10$ Aufträgen bei Berechnung aller Varianten in 4 Sekunden gelöst werden. Aber bei $n = 20$ Aufträgen dauert es auch schon über 3 000 Jahre.

In der Literatur werden von den verschiedensten Autoren Maschinenbelegungsprobleme durch ganzzahlige lineare Optimierungsaufgaben modelliert. Stellvertretend für derartige Untersuchungen sei hier auf [36, 53] verwiesen. In Anlehnung an [51] wollen wir uns nur noch mit einer rekursiven mathematischen Beschreibung des klassischen Maschinenbelegungsproblems beschäftigen.

Wir bezeichnen wieder mit a_{ik} die Bearbeitungszeit des Auftrages A_i auf der Maschine M_k und mit t_{rk} die Zeit, zu der die Bearbeitung des r-ten Auftrages auf der Maschine M_k abgeschlossen ist. Als Optimierungskriterium wählen wir die gesamte Bearbeitungszeit. Dann gilt bei Zugrundelegung der Permutation $j_1, j_2, \dots, j_n$:

$$Z = t_{j_n m} \min$$

$$t_{j_r k} = \max(t_{j_r k-1}, t_{j_{r-1} k}) + a_{j_r k}$$

$$t_{j_r 0} = t_{j_0 k} = 0, \quad r = 1, 2, \dots, n; \ k = 1, 2, \dots, m.$$

Die rekursive Berechnungsvorschrift von $t_{j_r k}$ besagt, daß der j_r-te Auftrag erst auf der k-ten Maschine bearbeitet werden kann, wenn der j_r-te Auftrag auf der Maschine M_{k-1} und der Auftrag $A_{j_{r-1}}$ auf M_k abgeschlossen sind. Diese Art der rekursiven Berechnung der gesamten Bearbeitungszeit $t_{j_n m}$ läßt sich auch leicht numerisch realisieren.

Die betrachteten diskreten Modellstrukturen unterstreichen die praktische Bedeutung der diskreten Optimierung. Im folgenden Kapitel werden wir noch einige weitere Anwendungen der diskreten Optimierung kennenlernen.

5. Überführung anderer Probleme in diskrete Optimierungsaufgaben

5.1. Fixkostenprobleme

Zur Beschreibung der Modellsituation bei den Fixkostenproblemen gehen wir von der folgenden Vorstellung aus: Gesucht ist ein kostenoptimales Produktionsprogramm eines Betriebes, dessen Kosten sich in einen variablen und einen konstanten Kostenanteil zerlegen lassen. Der variable Kostenanteil ist von dem Produktionsumfang der Erzeugnisse abhängig und möge für jedes Erzeugnis durch einen linearen Ausdruck $c_j x_j$ dargestellt werden können. Der konstante Kostenanteil beinhaltet die Fixkosten d_j, die vom Produktionsumfang unabhängig sind und nur auftreten, wenn das j-te Erzeugnis in das Produktionsprogramm aufgenommen wird ($x_j > 0$). Die Zielfunktion läßt sich dann in der Form

$$Z = \sum_{j=1}^{n} c_j(x_j)$$

mit

$$c_j(x_j) = \begin{cases} c_j x_j + d_j & \text{für } x_j > 0 \\ 0 & \text{für } x_j = 0 \end{cases}$$

ausdrücken. Werden die zulässigen Produktionsprogramme durch ein System linearer Restriktionen

$$\left. \begin{aligned} Ax &= b \\ x &\geq 0 \end{aligned} \right\} \tag{34}$$

modelliert, haben wir das Fixkostenproblem durch eine *nichtlineare Optimierungsaufgabe* beschrieben. Die Nichtlinearität ergibt sich aus der Unstetigkeit der Zielfunktion, falls wenigstens eine Modellvariable mit Fixkosten verbunden ist. Für unsere Überlegungen ist es wichtig zu bemerken, daß für die Modellvariablen bisher keine Diskretheitsforderungen erhoben worden sind.

Durch Fixkostenprobleme lassen sich eine Reihe praktischer Probleme darstellen. Unter ihnen kommt den *Transportproblemen mit fixen Kosten* ein besonderes Interesse zu, bei denen z. B. Grundkosten durch die Pachtkosten für die Transportmittel entstehen, die von der Transportmenge unabhängig sind. Ausführliche Erörterungen dieses Aufgabentyps sind in [20] zu finden.

Wir wollen jetzt zeigen, wie das von uns beschriebene Fixkostenproblem in eine gemischt-ganzzahlige lineare Optimierungsaufgabe überführt werden kann. Dazu erklären wir n BOOLEsche Variable $y_1, y_2, \ldots, y_n$ durch die Bedingung

$$y_j = \begin{cases} 1 \text{ für } x_j > 0 \\ 0 \text{ für } x_j = 0 \end{cases}, j = 1, 2, \ldots, n. \tag{35}$$

Wir erhalten

$$c_j(x_j) = c_j x_j + d_j y_j, j = 1, 2, \ldots, n$$

und für die Zielfunktion

$$Z = \sum_{j=1}^{n} (c_j x_j + d_j y_j). \tag{36}$$

Aber unser Fixkostenproblem erweist sich erst dann zur diskreten Optimierungsaufgabe (34)—(36) als äquivalent, wenn wir noch die zusätzlichen Nebenbedingungen

$$x_j \leqq M_j y_j, j = 1, 2, \ldots, n \tag{37}$$

ergänzen. M_j symbolisiert eine hinreichend große Zahl, die größer als jeder mögliche Wert von x_j ist. In diesem Falle gilt nämlich:

1. $x_j > 0$ ist nur für $y_j = 1$ möglich.
2. Für $y_j = 1$ ist wegen $x_j \leqq M_j$ die Wahl von x_j unbeschränkt.
3. Ist in einer optimalen Lösung $x_j = 0$, kann nicht $y_j = 1$ gelten, da die Wahl von $y_j = 0$ (Minimierung der

Kosten vorausgesetzt) den Wert der Zielfunktion weiter verringern würde.

4. Für $y_j = 0$ ist automatisch auch $x_j = 0$.

Folglich läßt sich unser Fixkostenproblem in die äquivalente gemischt-ganzzahlige lineare Optimierungsaufgabe (34)—(37) überführen.

Allgemein ist zu bemerken, daß die Ersetzung eines Problems mit *unstetiger Zielfunktion* durch eine gemischt-ganzzahlige Optimierungsaufgabe von dem Vorhandensein oberer Schranken M_j für die Variablen abhängt.

Verteilungsprobleme mit Fixkosten, bei denen die Fixkosten nicht nur in die Zielfunktion, sondern auch in die Nebenbedingungen eingehen, werden z. B. in [28] betrachtet. Die Überführung von Transportproblemen mit Fixkosten in gemischt-ganzzahlige lineare Optimierungsaufgaben wurde wohl zuerst von BALINSKI [3] angegeben.

5.2. *Aufgaben mit trennbarer Zielfunktion*

Hinsichtlich der praktischen Anwendung kommt den Problemen mit trennbarer Zielfunktion innerhalb der *nichtlinearen Optimierung* eine besondere Beachtung zu. Das ist sicher nicht zuletzt in der Tatsache begründet, daß sich derartige Aufgaben näherungsweise linearisieren lassen (siehe etwa [20]). Wir wollen zeigen, wie auch durch die Methoden der diskreten Optimierung Lösungsmöglichkeiten erschlossen werden können.

Eine trennbare Zielfunktion ist in der Form

$$Z = \sum_{j=1}^{n} f_j(x_j) \tag{38}$$

als Summe von Funktionen darstellbar, die jeweils nur von einer Variablen abhängen. Natürlich ist auch die Zielfunktion

$$Z = \sum_{j=1}^{n} c_j x_j$$

einer linearen Optimierungsaufgabe trennbar, da wir lediglich

$$f_j(x_j) = c_j x_j, \; j = 1, 2, \ldots, n$$

zu schreiben brauchen.

Das Restriktionssystem der Optimierungsaufgabe sei durch die linearen Bedingungen

$$\left. \begin{aligned} \boldsymbol{Ax} &= \boldsymbol{b} \\ \boldsymbol{x} &\geq 0 \end{aligned} \right\} \qquad (39)$$

gegeben.

Das Lösungsprinzip von Aufgaben mit trennbarer Zielfunktion beruht auf dem Gedanken, die Funktionen $f_j(x_j)$ näherungsweise durch *stückweise lineare Funktionen* zu ersetzen. Zur Vermeidung mathematischer Komplikationen fordern wir die Stetigkeit der Funktionen $f_j(x_j)$. Die Menge der zulässigen Lösungen sei beschränkt, so daß Schranken s_j mit

$$x_j \leq s_j, \; j = 1, 2, \ldots, n$$

existieren. Derartige Schranken lassen sich häufig durch Analyse der Nebenbedingungen bestimmen (siehe das Beispiel in 1.4) oder können aus der Kenntnis der ökonomischen Problematik vorgegeben werden.

Um die Funktion $f_j(x_j)$ durch ein *Näherungspolygon* $\hat{f}_j(x_j)$ zu approximieren, teilen wir das Intervall $0 \leq x_j \leq s_j$ in k_j Teilintervalle auf (in Abb. 11 wurde $k_j = 4$ gewählt). Die Variable x_j wird durch eine Anzahl neuer Variablen $x_{j1}, x_{j2}, \ldots, x_{jk_j}$ ersetzt. Die Teilpunkte

$$d_{j0} = 0, d_{j1}, d_{j2}, \ldots, d_{jk_j} = s_j$$

und die zugehörigen Ordinatenwerte

$$f_j(d_{j0}), f_j(d_{j1}), f_j(d_{j2}), \ldots, f_j(d_{jk_j})$$

bestimmen ein Polygon $\hat{f}_j(x_j)$, das in Abb. 11 gestrichelt eingezeichnet ist.

Der Ersatz der Variable x_j durch die k_j neuen Variablen erfolgt mittels der Gleichung

$$x_j = x_{j1} + x_{j2} + \cdots + x_{jk_j}. \qquad (40)$$

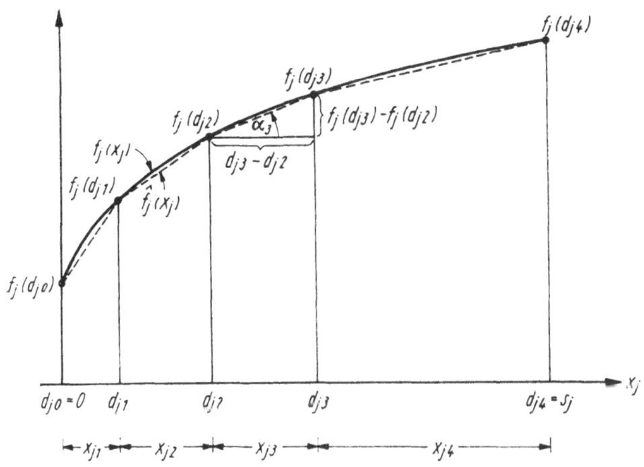

Abb. 11

Dabei sind die zusätzlichen Bedingungen

$$x_{jr} \leq d_{jr} - d_{jr-1}, \; r = 1, 2, \ldots, k_j \tag{41}$$

zu berücksichtigen (beachte Abb. 11). Jeder Variablen x_{jr} wird ein Richtungsfaktor

$$c_{jr} = \tan \alpha_r = \frac{f_j(d_{jr}) - f_j(d_{jr-1})}{d_{jr} - d_{jr-1}}$$

zugeordnet, so daß wir für das Näherungspolygon

$$\hat{f}_j(x_j) = \sum_{r=1}^{k_j} c_{jr} x_{jr}$$

erhalten.

Der nichtlinearen Optimierungsaufgabe mit der trennbaren Zielfunktion (38) und den linearen Restriktionen (39) wird ein *Näherungsproblem* mit den Variablen x_{jr} und der linearen Zielfunktion

$$Z = \sum_{j=1}^{n} \sum_{r=1}^{k_j} c_{jr} x_{jr} \tag{42}$$

zugeordnet. In den Nebenbedingungen von (39) sind die Variablen x_j mittels der Gleichungen (40) durch die neuen Variablen x_{jr} zu ersetzen. Weiterhin sind die Zusatzbedingungen (41) in das System der Nebenbedingungen aufzunehmen und für alle Variablen x_{jr} die Nichtnegativitätsbedingungen zu fordern.

Das Näherungsproblem stellt zweifellos eine lineare Optimierungsaufgabe mit

$$\sum_{j=1}^{n} k_j$$

Variablen und

$$m + \sum_{j=1}^{n} k_j$$

Nebenbedingungen (m Zahl der Nebenbedingungen in (39)) dar. Das beinhaltet im allgemeinen eine ganz erhebliche Vergrößerung der Zahl der Variablen und Nebenbedingungen.

In der von uns beschriebenen Allgemeinheit kann das Näherungsproblem aber noch nicht als brauchbarer Ersatz für unsere ursprüngliche Optimierungsaufgabe angesehen werden. Das ist in folgendem begründet: Der optimalen Lösung des Näherungsproblems wird durch die Gleichungen (40) näherungsweise eine optimale Lösung des Ausgangsproblems zugeordnet. Es entspricht aber dem Sinn des Ersatzes der Variablen x_j durch die Variablen x_{jr} mittels (40), daß x_{jr+1} erst dann einen von Null verschiedenen Wert annehmen darf, wenn x_{jr} seine obere Grenze $d_{jr} - d_{jr-1}$ erreicht hat. Diese Forderung können wir durch die folgende Vorschrift ersetzen:
Entweder

$$x_{jr} = d_{jr} - d_{jr-1} \text{ oder } x_{jr+1} = 0. \tag{43}$$

Erst dann werden wir das Näherungsproblem eine *Approximation* der Ausgangsaufgabe nennen.

Unter zusätzlichen Voraussetzungen über die Funktionen $f_j(x_j)$ kann gesichert werden, daß die Optimallösungen des Näherungsproblems die Forderung (43) automatisch erfüllen.

Satz 11: *Ist das Maximum der trennbaren Zielfunktion* (38) *zu bestimmen und sind sämtliche Funktionen* $f_j(x_j)$ *stetig sowie konkav, kann die Aufgabe* (38), (39) *durch eine lineare Optimierungsaufgabe approximiert werden, falls die Menge der zulässigen Lösungen beschränkt ist.*

Wir wollen den Beweisgedanken kurz andeuten. Ist $f_j(x_j)$ eine konkave Funktion, haben wir es mit einem Funktionstyp zu tun, dem der Kurvenverlauf von Abb. 11 entspricht. Aus der Konkavität von $f_j(x_j)$ läßt sich leicht

$$c_{j1} \geqq c_{j2} \geqq c_{j3} \geqq \cdots \geqq c_{jk_j} \tag{44}$$

folgern. In einer optimalen Lösung des Näherungsproblems muß zwangsläufig die Variable x_{jr} maximal belegt sein, bevor x_{jr+1} einen von Null verschiedenen Wert erhält, da wegen (44) x_{jr} „ökonomischer" als x_{jr+1} ist. Durch die Konkavität der Funktion $f_j(x_j)$ ist also (43) in der Optimallösung automatisch erfüllt und stellt keine zusätzliche Forderung dar.

Ist eine der Funktionen $f_j(x_j)$ nicht konkav, wird die Folge der Richtungskoeffizienten, wie Abb. 12 veranschaulicht, im allgemeinen nicht der Monotoniebedingung (44) genügen. Daher kann nicht damit gerechnet werden, daß die Forderung (43) automatisch erfüllt ist. Durch Einführung von k_j zusätzlichen BOOLEschen Variablen $y_{j1}, y_{j2}, \ldots, y_{jk_j}$

$$y_{jr} = \begin{cases} 1 \text{ für } x_{jr} = d_{jr} - d_{jr-1} \\ 0 \text{ für } x_{jr} < d_{jr} - d_{jr-1} \end{cases}$$

können wir (43) durch das Ungleichungssystem

$$\left. \begin{array}{l} x_{jr} \geqq (d_{jr} - d_{jr-1})\, y_{jr}, \\ x_{jr+1} \leqq (d_{jr+1} - d_{jr})\, y_{jr}, \end{array} \right\} \quad r = 1, 2, \ldots, k_j - 1 \tag{45}$$

ersetzen. Denn für $y_{jr} = 0$ ist wegen (45) $x_{jr} \geqq 0$ und $x_{jr+1} \leqq 0$ (d.h. wegen der Nichtnegativitätsbedingung $x_{jr+1} = 0$). Für $y_{jr} = 1$ erhalten wir aus Formel (45)

$x_{jr} \geqq d_{jr} - d_{jr-1}$ (d.h. wegen (41) $x_{jr} = d_{jr} - d_{jr-1}$) und die Ungleichung $x_{jr+1} \leqq d_{jr+1} - d_{jr}$. Fügen wir die Ungleichungen (45) dem System der Nebenbedingungen unseres oben erklärten Näherungsproblems an, haben wir das folgende Ergebnis erhalten.

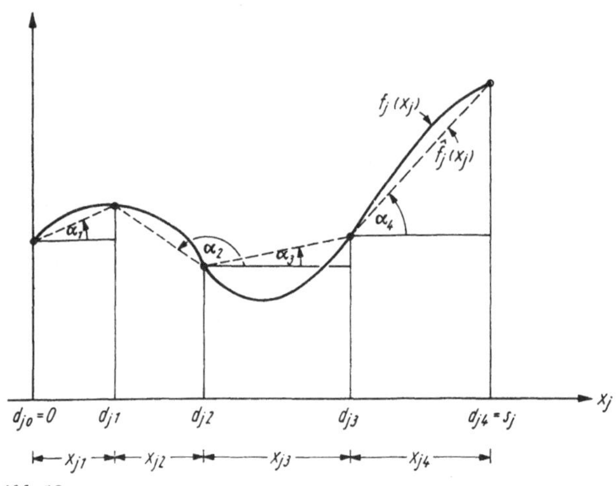

Abb. 12

Satz 12: *Die nichtlineare Optimierungsaufgabe (38), (39) mit trennbarer Zielfunktion kann durch eine gemischt-ganzzahlige lineare Optimierungsaufgabe approximiert werden, falls die Menge der zulässigen Lösungen beschränkt ist.*

Die Zahl der Nebenbedingungen der gemischt-ganzzahligen linearen Optimierungsaufgabe läßt sich weiter reduzieren, da, abgesehen von $r = 1$, die Schranken von (41) in (45) enthalten sind. So folgt z.B. für $r = 1$ und $y_{j1} = 1$ aus (45)

$$x_{j2} \leqq d_{j2} - d_{j1}.$$

Also genügt es, anstelle von (41) nur noch

$$x_{j1} \leqq d_{j1} - d_{j0} \tag{46}$$

zu fordern. Die gemischt-ganzzahlige lineare Optimierungsaufgabe besitzt damit

$$m + n + 2 \sum_{j=1}^{n} (k_j - 1)$$

Nebenbedingungen; und zwar m Nebenbedingungen, die (39) entspringen, n Nebenbedingungen (46), und die restlichen Nebenbedingungen ergeben sich aus (45). Die Zahl der Variablen beträgt

$$2 \sum_{j=1}^{n} k_j.$$

Davon besteht die Hälfte aus BOOLEschen Variablen y_{jr}. Folglich ist die Zurückführung der nichtlinearen Optimierungsaufgabe auf ein gemischt-ganzzahliges Problem mit einer beachtlichen Vergrößerung der Zahl der Variablen und Nebenbedingungen verbunden. Das schränkt natürlich die Praktikabilität des Vorgehens erheblich ein. Aber andererseits können sich dadurch Lösungsmöglichkeiten für einen Aufgabentyp ergeben, der sich mit anderen Lösungsmethoden nicht hinreichend befriedigend behandeln läßt (zur numerischen Lösungsproblematik bei Aufgaben mit trennbarer Zielfunktion sei insbesondere auf [20] verwiesen).

6.   Schnittebenenverfahren

Nachdem wir uns in den drei vorangegangenen Kapiteln ausführlich mit Modellstrukturen und Anwendungsmöglichkeiten der diskreten Optimierung vertraut gemacht haben, sind die folgenden Kapitel den Lösungsmethoden der diskreten Optimierung gewidmet. Vorbereitend stellen wir diesem Kapitel eine Klassifizierung der Lösungsverfahren voran.

6.1. Einteilung der Lösungsverfahren der diskreten Optimierung

Die Lösungsverfahren der diskreten Optimierung werden in drei große Gruppen eingeteilt:
1. Schnittebenenverfahren,
2. Entscheidungsbaumverfahren,
3. Heuristische Verfahren.
Diese Klassifizierung beinhaltet nicht, daß sich grundsätzlich jede Methode zur Lösung diskreter Modelle in eine der drei Gruppen einordnen läßt. Aber sie fängt zweifellos die wesentlichen Vorgehen und Entwicklungslinien ein.

Die Schnittebenenverfahren sind die ältesten und wohl auch theoretisch am umfassendsten untersuchten Methoden der diskreten Optimierung. In der praktischen Anwendung haben sich jedoch die Entscheidungsbaumverfahren vielfach als wendiger erwiesen, da sie von dem kombinatorischen Charakter zahlreicher diskreter Modellstrukturen ausgehen. Beide Verfahrensgruppen zielen auf die Berechnung der exakten Lösung der diskreten Aufgabe ab. Dagegen stellen die heuristischen Verfahren leicht motivierbare Lösungswege dar, die die Berechnung einer Näherungslösung ermöglichen. Auch die Kombination z. B. eines heuristischen Verfahrens mit einem Entscheidungsbaumverfahren kann gegebenenfalls als geeignetste Lösungsmethodik angesehen werden.

Zunächst haben wir in den Kapiteln 6 und 7 vornehmlich die Lösung diskreter Optimierungsprobleme im Auge, die sich in der Form ganzzahliger oder gemischt-ganzzahliger linearer Optimierungsaufgaben darstellen lassen. Dagegen werden wir im letzten Kapitel die Lösung spezieller diskreter Modellstrukturen, insbesondere von Lokalisations-, Rundfahrt- und Reihenfolgeproblemen, betrachten.

6.2. Das Lösungsprinzip der Schnittebenenverfahren

Der Grundgedanke der Schnittebenenverfahren, angewandt auf das Rundfahrtproblem, findet sich schon in einer Arbeit von DANTZIG, FULKERSON und JOHNSON [12] aus dem Jahre 1954. Aber erst im Jahre 1958 gelang es GOMORY [19], ein allgemeines Verfahren zur Lösung ganzzahliger linearer Optimierungsaufgaben anzugeben. Da alle Schnittmethoden den gleichen Lösungsgedanken verwenden, spricht man auch vielfach von den GOMORY-Verfahren.

Bei der Beschreibung des Lösungsprinzips der Schnittebenenverfahren gehen wir von einer ganzzahligen linearen Optimierungsaufgabe aus. Zunächst wird eine Optimallösung der linearen Optimierungsaufgabe unter Vernachlässigung der Ganzzahligkeitsforderungen mittels eines Standardverfahrens der linearen Optimierung berechnet. Genügt die Optimallösung nicht bereits den Ganzzahligkeitsforderungen, muß ein GOMORY-Schnitt ausgeführt werden. Dem GOMORY-Schnitt entspricht geometrisch eine Hyperebene H, auch Schnittebene genannt (im zweidimensionalen Raum ist das eine Gerade), die den Bereich der zulässigen Lösungen M in folgender Weise schneidet:

1. Alle zulässigen Gitterpunkte (beachte 1.3) liegen in einem der durch H erklärten Halbräume (im zweidimensionalen Raum ist das eine Halbebene).
2. Der berechnete Optimalpunkt liegt in dem anderen durch H erklärten Halbraum.

In Anlehnung an unsere Betrachtungsweise in 1.3 veranschaulicht Abb. 13 die Forderungen, die wir an einen GOMORY-Schnitt gestellt haben. Der Menge der zulässigen Lösungen M entspricht das Polyeder A, B, C, D, E. Die zulässigen Gitterpunkte sind durch kleine Kreise gekennzeichnet. Die Optimallösung ohne Ganzzahligkeitsforderung möge im Punkt C angenommen werden. Der GOMORY-Schnitt wird durch die Gerade H repräsentiert, die von der Menge M das schraffierte Dreieck C, C', C'' abschneidet. Wir erkennen, daß alle zulässigen Gitterpunkte auf der einen Seite und der Optimalpunkt C auf der anderen Seite von H liegen.

Analytisch läßt sich der GOMORY-Schnitt durch eine

lineare Beziehung ausdrücken. Nehmen wir sie als zusätzliche Restriktion in die Nebenbedingungen auf, erhalten wir eine lineare Optimierungsaufgabe, die folgende Eigenschaften hat:
1. Die alte Optimallösung ist keine zulässige Lösung der neuen Aufgabe.
2. Alle zulässigen Gitterpunkte sind in der Menge der zulässigen Lösungen der neuen Aufgabe enthalten.

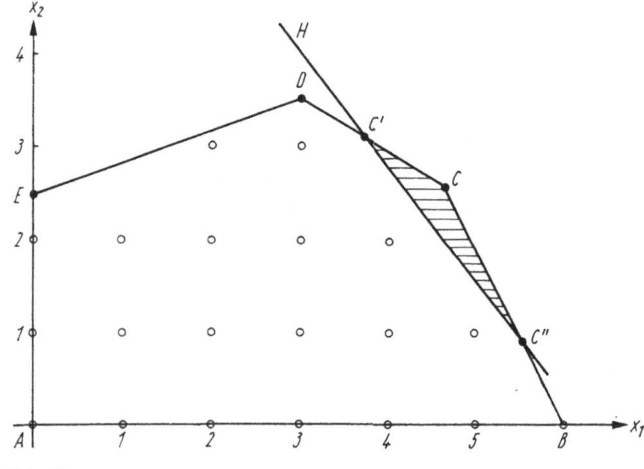

Abb. 13

Wir veranschaulichen uns diesen Gedanken an Hand von Abb. 13. Die Gerade H begrenzt eine Halbebene, die durch eine lineare Ungleichung beschrieben werden kann. Ihre Aufnahme in das System der Nebenbedingungen bewirkt die Abtrennung des Dreiecks C, C', C''. Die neue Optimierungsaufgabe hat daher einen Bereich der zulässigen Lösungen M', der durch das Polyeder A, B, C'', C', D, E von Abb. 13 dargestellt wird.

Auf die neue Optimierungsaufgabe (ohne Ganzzahligkeitsforderungen) können wir wieder ein Standardverfahren der linearen Optimierung anwenden. Wir erhalten zwangsläufig eine neue Optimallösung, da der alte Optimalpunkt C nicht mehr in M' enthalten ist. Andererseits ist aber wegen der erwähnten Eigenschaften gesichert, daß der gesuchte optimale Gitterpunkt zur Menge M' gehört.

Erfüllt die neue Optimallösung nicht die Ganzzahligkeitsforderungen, muß ein neuer GOMORY-Schnitt ausgeführt werden.

Die Lösung einer linearen ganzzahligen Optimierungsaufgabe mittels eines Schnittebenenverfahrens wird auf

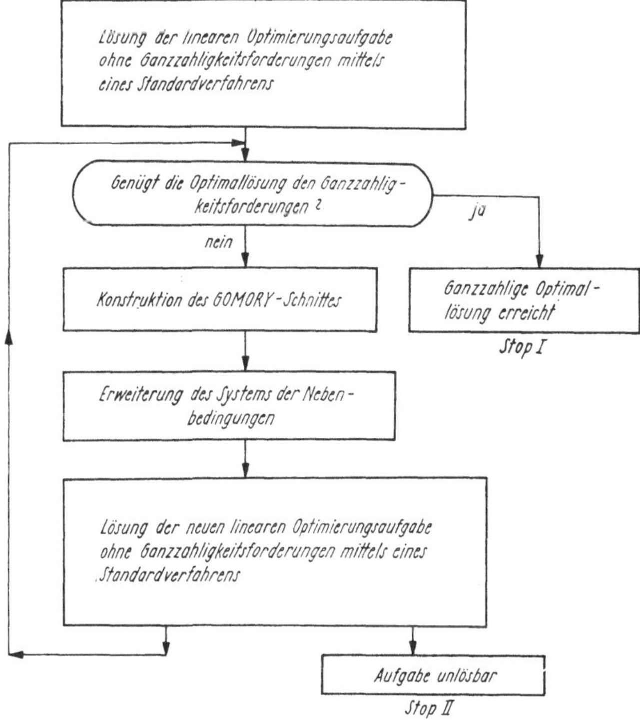

Abb. 14

die Berechnung einer Folge linearer Optimierungsaufgaben ohne Ganzzahligkeitsforderungen zurückgeführt. Die einzelnen Schnittebenenverfahren unterscheiden sich im wesentlichen in der Art der Konstruktion der Gomory-Schnitte. Das grundlegende Vorgehen der Schnittebenenverfahren ist in Abb. 14 nochmals veranschaulicht. Dabei wird berücksichtigt, daß sich gegebenenfalls die neue Optimierungsaufgabe als unlösbar erweisen kann. Dann gibt es keine ganzzahlige Optimallösung.

6.3. *Konstruktion der Gomory-Schnitte*

Der in 6.2 geschilderte Lösungsweg wirft zwangsläufig zwei grundlegende Fragen auf:
1. Wie können die Gomory-Schnitte am zweckmäßigsten konstruiert werden?
2. Führt das Verfahren auch nach endlich vielen Schritten zur ganzzahligen Lösung?

Wir wollen die Konstruktion der Gomory-Schnitte jetzt näher verfolgen. Dazu lehnen wir uns an den historisch ersten Algorithmus von Gomory [19] (siehe auch [15, 28]) an.

Die Lösung der ganzzahligen linearen Optimierungsaufgabe (siehe 1.3)

$$\max\{c'x \mid Ax = b,\, x \geq 0,\, x \text{ ganzzahlig}\}$$

geht von der Lösung der linearen Optimierungsaufgabe

$$\max\{c'x \mid Ax = b,\, x \geq 0\}$$

aus. Die Basisvariablen ihrer Optimallösung (ihre Existenz wird hier grundsätzlich vorausgesetzt, da es sonst auch keine ganzzahlige Optimallösung gibt) können wir o.B.d.A. mit $x_1, x_2, \ldots, x_m$ (m Anzahl der Nebenbedingungen) bezeichnen. Dann sind $x_{m+1}, x_{m+2}, \ldots, x_n$ die Nichtbasisvariablen der Optimallösung ($m < n$ kann vorausgesetzt werden). Mittels der Nebenbedingungen $Ax = b$ lassen sich die Basisvariablen durch die Nichtbasisvariablen ausdrücken. Wir erhalten eine Beziehung der Form

$$x_i = d_i - \sum_{j=1}^{n-m} d_{ij} x_{m+j}, \; i = 1, 2, \ldots, m. \qquad (47)$$

Diese Gestalt der Nebenbedingungen kann auch dem optimalen Simplextableau der linearen Optimierungsaufgabe entnommen werden. Die Optimallösung ist

$$x_i = d_i, \; i = 1, 2, \ldots, m$$

$$x_{m+j} = 0, \; j = 1, 2, \ldots, n - m.$$

Wir nehmen an, daß sie nicht den Ganzzahligkeitsforderungen genügt, so daß wenigstens ein d_i nicht ganzzahlig sein muß. Das möge für $i = r$ zutreffen. Dann können wir für die r-te Nebenbedingung

$$x_r + d_{r1} x_{m+1} + d_{r2} x_{m+2} + \cdots + d_{r,n-m} x_n = d_r$$

schreiben und die Zahlen d_r, d_{rj} in den größten ganzzahligen Teil g_r bzw. g_{rj} und den gebrochenen Anteil f_r bzw. f_{rj} aufspalten:

$$d_r = g_r + f_r, \; 0 < f_r < 1,$$

$$d_{rj} = g_{rj} + f_{rj}, \; 0 \leqq f_{rj} < 1, \; j = 1, 2, \ldots, n - m.$$

Dem GOMORY-Schnitt entspricht die lineare Bedingung

$$\sum_{j=1}^{n-m} f_{rj} x_{m+j} - f_r \geqq 0. \qquad (48)$$

Wir übergehen den Nachweis, daß der GOMORY-Schnitt (48) den beiden in 6.2 erhobenen Forderungen genügt und beschränken uns darauf, dieses Ergebnis als Satz zu formulieren.

Satz 13: *Jeder zulässige Gitterpunkt der ganzzahligen linearen Optimierungsaufgabe ist im GOMORY-Schnitt (48) enthalten. Dagegen liegt die Optimallösung der linearen Optimierungsaufgabe ohne Ganzzahligkeitsforderungen nicht im Schnitt (48).*

Zur Erklärung der neuen linearen Optimierungsaufgabe haben wir (48) in das System der Nebenbedingungen $Ax = b$ aufzunehmen. Da diese Nebenbedingungen in Gleichungsform geschrieben sind, müssen wir (48) durch Einführung einer zusätzlichen Schlupfvariable $x_{n+1} \geqq 0$, wie in der linearen Optimierung üblich, in die Form

$$x_{n+1} = \sum_{j=1}^{n-m} f_{rj} x_{m+j} - f_r \qquad (49)$$

umzuwandeln. Die neue lineare Optimierungsaufgabe enthält eine Nebenbedingung und eine Variable mehr. Man kann zeigen, daß für jeden zulässigen Gitterpunkt die Zusatzvariable x_{n+1} ganzzahlig ist. Der GOMORY-Schnitt (48) läßt sich auch durch $x_{n+1} \geqq 0$ ausdrücken.

Beispiel: Vorgelegt sei die ganzzahlige lineare Optimierungsaufgabe

$$\left. \begin{aligned} Z = 4x_1 + 5x_2 \ \text{max} \\ x_1 + x_2 &\leqq 8 \\ 7x_1 + 10x_2 &\leqq 70 \\ x_1, x_2 &\geqq 0 \end{aligned} \right\} \qquad (50)$$

$$x_1, x_2 \ \text{ganzzahlig,} \qquad (51)$$

der die lineare Optimierungsaufgabe (50) zugeordnet ist. Die Optimallösung von (50) kann Abb. 15 entnommen werden; wir finden (Punkt P von Abb. 15)

$$x_1 = \frac{10}{3}, \ x_2 = \frac{14}{3}.$$

Die Ganzzahligkeitsforderungen der Aufgabe (50), (51) sind nicht erfüllt.

Zur Konstruktion des GOMORY-Schnittes haben wir die lineare Optimierungsaufgabe (50) in Normalform zu überführen

$$\left. \begin{aligned} Z = 4x_1 + 5x_2 \ \text{max} \\ x_1 + x_2 + x_3 \qquad\quad &= 8 \\ 7x_1 + 10x_2 \qquad + x_4 &= 70 \\ x_j \geqq 0, \ j = 1, 2, 3, 4. \end{aligned} \right\} \qquad (52)$$

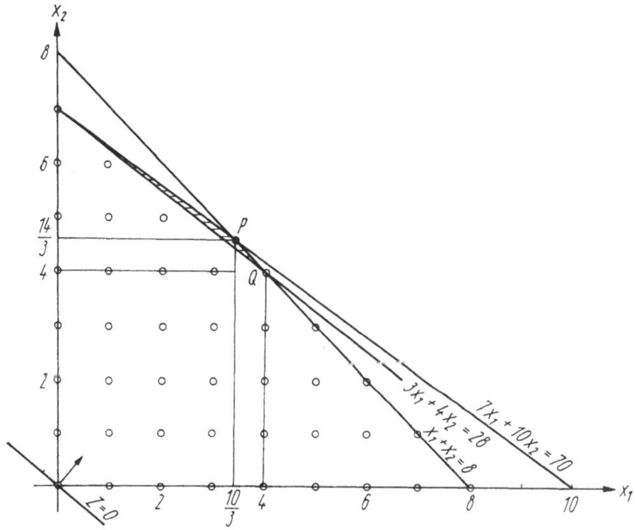

Abb. 15

Die Optimallösung der Normalform ist

$$x_1 = \frac{10}{3},\; x_2 = \frac{14}{3},\; x_3 = x_4 = 0$$

und hat die Basisvariablen x_1, x_2 sowie die Nichtbasisvariablen x_3, x_4. Durch Auflösung dieses Gleichungssystems nach den Basisvariablen x_1, x_2 erhalten wir die in (47) vorausgesetzte Gestalt

$$x_1 = \frac{10}{3} - \frac{10}{3} x_3 + \frac{1}{3} x_4$$

$$x_2 = \frac{14}{3} + \frac{7}{3} x_3 - \frac{1}{3} x_4.$$

Da sowohl in der ersten als auch in der zweiten Nebenbedingung die Ganzzahligkeitsforderungen verletzt sind, läßt sich jede Nebenbedingung zur Konstruktion eines GOMORY-Schnittes heranziehen. Wir werden uns erst im nächsten Abschnitt 6.4 mit der geeignetsten Auswahl der Nebenbedingung beschäftigen. In unserem Beispiel soll willkürlich von der zweiten Nebenbedingung, die wir gleich in der Gestalt

$$x_2 - \frac{7}{3}\, x_3 + \frac{1}{3}\, x_4 = \frac{14}{3}$$

schreiben, ausgegangen werden. Entsprechend unserer Vorschrift für die Konstruktion des GOMORY-Schnittes haben wir folgende Aufspaltung zu betrachten:

$$-\frac{7}{3} = -3 + \frac{2}{3},\ \frac{1}{3} = 0 + \frac{1}{3},\ \frac{14}{3} = 4 + \frac{2}{3}.$$

In unserer obigen Symbolik ist also:

$$r = 2,$$
$$d_2 = \frac{14}{3},\ g_2 = 4,\ f_2 = \frac{2}{3},$$
$$d_{21} = -\frac{7}{3},\ g_{21} = -3,\ f_{21} = \frac{2}{3},$$
$$d_{22} = \frac{1}{3},\ g_{22} = 0,\ f_{22} = \frac{1}{3}.$$

Folglich erhalten wir für den GOMORY-Schnitt

$$\frac{2}{3}\, x_3 + \frac{1}{3}\, x_4 - \frac{2}{3} \geqq 0. \tag{53}$$

Zu seiner graphischen Darstellung haben wir die Variablen x_3, x_4 mittels der Nebenbedingungen der Aufgabe (52) zu eliminieren. Wir finden

$$\frac{2}{3}\,(8 - x_1 - x_2) + \frac{1}{3}\,(70 - 7x_1 - 10x_2) - \frac{2}{3} \geqq 0,$$
$$-3x_1 - 4x_2 + 28 \geqq 0,$$
$$3x_1 + 4x_2 \leqq 28. \tag{54}$$

Der GOMORY-Schnitt (54) ist in Abb. 15 eingezeichnet. Er schneidet vom Bereich der zulässigen Lösungen das schmale, schraffierte Dreieck ab.

Die jetzt zu betrachtende neue lineare Optimierungsaufgabe ergibt sich aus (50) durch Ergänzung der Bedingung (54)

$$Z = 4x_1 + 5x_2 \text{ max}$$
$$x_1 + \quad x_2 \leqq \quad 8$$
$$7x_1 + 10x_2 \leqq 70$$
$$3x_1 + \quad 4x_2 \leqq 28$$
$$x_1, x_2 \geqq \quad 0.$$

Bei Überführung in die Normalform hätten wir noch eine weitere Schlupfvariable x_5 aufzunehmen.

Die neue Optimierungsaufgabe besitzt, wie Abb. 15 entnommen werden kann, die Optimallösung (Punkt Q von Abb. 15)

$$x_1 = 4, x_2 = 4.$$

Sie genügt den Ganzzahligkeitsforderungen (51) und stellt folglich auch die Optimallösung der ganzzahligen linearen Optimierungsaufgabe (50), (51) dar.

Dieses einfache Beispiel verdeutlicht natürlich nur den Lösungsweg des GOMORY-Verfahrens in seinen Grundzügen, ohne die numerische Problemfülle bei der Lösung ganzzahliger linearer Optimierungsaufgaben ausreichend einfangen zu können. Wir werden nicht auf die vielfältigen Fragen eingehen, die sich durch die geeignetste Lösung der linearen Optimierungsaufgaben stellen und die wesentlich die Leistungsfähigkeit des Vorgehens bestimmen. Der interessierte Leser sei dazu auf die weiterführende Literatur zur linearen ganzzahligen Optimierung verwiesen (etwa [7, 15, 28]). Aber zwei Fragen müssen wir noch unsere Aufmerksamkeit schenken:

1. Bricht das Verfahren von GOMORY nach endlich vielen Schritten ab?
2. Auf Grund welcher Kriterien hat die Auswahl der Nebenbedingung zu erfolgen, die zur Konstruktion eines GOMORY-Schnittes herangezogen wird?

Ihre Beantwortung wird nicht losgelöst voneinander erfolgen können und soll Gegenstand des folgenden Abschnittes sein.

6.4. Endlichkeit des Verfahrens

Die Verwendbarkeit eines Schnittebenenverfahrens setzt die Endlichkeit des sich ergebenden Rechenprozesses voraus, die zunächst von der Art der Konstruktion der GOMORY-Schnitte abhängig ist. So kann man Schnittebenenverfahren konstruieren, bei denen die Schnittebenen den beiden in 6.2 erhobenen Forderungen genügen, ohne daß wir zu einem endlichen Lösungsprozeß geführt werden. Ein Beispiel dafür bietet das numerisch sehr einfache *Verfahren von* DANTZIG (siehe hierzu [28]) zur Lösung ganzzahliger linearer Optimierungsaufgaben, dessen Konstruktionsregel für die Schnittebenen die Endlichkeit des Algorithmus nur für stark eingeschränkte Problemklassen garantiert.

Die Endlichkeit des Rechenprozesses ist weiterhin in Abhängigkeit von den verwendeten *Auswahlregeln* zu sehen. Für das von uns in 6.3 beschriebene GOMORY-Verfahren gibt es eine Reihe von Auswahlregeln, auf Grund derer die zur Schnittkonstruktion benötigte Nebenbedingung (oder auch Zielfunktionsbedingung) ausgesucht wird. Einen gewissen Einblick in eine Reihe solcher Auswahlregeln findet man bei PIEHLER [43]. In der Praxis verwendet man meist eine der folgenden Auswahlregeln:

1. Es wird aus dem System (47) die Nebenbedingung mit nicht ganzzahligem d_i (oder eine davon) ausgewählt, die den größten gebrochenen Anteil f_i besitzt.
2. Es wird die Nebenbedingung mit dem kleinsten Zeilenindex i gewählt, die ein nicht ganzzahliges d_i enthält.

Ist die Ganzzahligkeit der Zielfunktion garantiert (wenn z. B. sämtliche Zielfunktionskoeffizienten ganzzahlig sind), bezieht man meist die Zielfunktionsbedingung bei der Auswahl in das System der Nebenbedingungen ein.

Der *Endlichkeitsbeweis* für das beschriebene GOMORY-Verfahren beruht auf der zweiten Auswahlregel, die aus hier nicht näher untersuchten Gründen auch *lexikographische Auswahl* heißt. Weiterhin werden die Ganzzahligkeit der Zielfunktion in allen optimalen Gitterpunkten und die Beschränktheit der Menge der zulässigen Lösungen vorausgesetzt. Bei der Auswahlregel wird der Zielfunktionsbedingung der Zeilenindex $i = 0$ zugeordnet. Dann führt das Vorgehen nach endlich vielen GOMORY-Schritten zur ganzzahligen Optimallösung, falls nicht die Unlösbarkeit der ganzzahligen linearen Optimierungsaufgabe erkannt wird.

Besonders hat sich in der Praxis die erste Auswahlregel bewährt, auf deren Basis aber ein Endlichkeitsbeweis bisher nicht geführt wurde. Trotzdem haben sich daraus keine erkennbaren Komplikationen ergeben.

Die Endlichkeitsaussage enthält keine Hinweise, inwieweit die Auswahlregel sichert, daß eine möglichst geringe Zahl von GOMORY-Schritten ausgeführt werden muß. Da theoretische Möglichkeiten des Vergleichs der Auswahlregeln fehlen, ist man auf Testrechnungen angewiesen, die bis heute nur in sehr bescheidenem Umfange vorliegen. Daß aber Auswahlregeln die Leistungsfähigkeit des GOMORY-Verfahrens entscheidend beeinflussen können, weist OUYAHIA [41] nach. Für eine Aufgabe mit $m = 20$ und $n = 29$ konnte bei einer bestimmten Auswahlregel nach 30 000 Schritten noch keine ganzzahlige Optimallösung gefunden werden, während das mit Hilfe einer anderen Auswahlregel bereits nach 70 Schritten erreicht wurde.

6.5.   Weitere Schnittebenenverfahren der diskreten Optimierung

Unsere Überlegungen in 6.3 und 6.4 basierten auf dem Verfahren von GOMORY zur Lösung ganzzahliger linearer Optimierungsaufgaben, das in der Literatur auch vielfach *erster Algorithmus von* GOMORY genannt wird. Ergänzend sei noch erwähnt, daß die bei praktischen Aufgaben meist außerordentlich große Zahl von GOMORY-Schritten die Konstruktion schärferer Schnitte angeregt hat, die mit einer geringeren Schrittzahl auskommen (siehe dazu [44]).

Die Erweiterung des Verfahrens auf gemischt-ganzzahlige lineare Optimierungsaufgaben gelang GOMORY im Jahre 1960. Man spricht auch vom *zweiten Algorithmus von* GOMORY. Allerdings ist die Konstruktionsvorschrift des GOMORY-Schnittes wesentlich aufwendiger, wodurch sich die Leistungsfähigkeit des Verfahrens zur Lösung gemischt-ganzzahliger Aufgaben reduziert. Ausführlich wird der zweite Algorithmus von GOMORY z.B. in [7, 20, 28, 30] beschrieben.

Eine Erweiterung des zweiten Algorithmus von GOMORY auf lineare Optimierungsaufgaben, bei denen anstelle der Ganzzahligkeitsforderungen allgemeine Diskretheitsforderungen auftreten, wurde von DALTON und LLEWELLYN [10] angegeben. Das *Verfahren von* DALTON *und* LLEWELLYN ist allerdings zur Lösung gemischt-ganzzahliger linearer Aufgaben nicht so effektiv wie der zweite Algorithmus von GOMORY.

Von GOMORY wurde noch ein weiteres Schnittebenenverfahren zur Lösung ganzzahliger linearer Optimierungsaufgaben angegeben, bei dem nur Additions- und Subtraktionsoperationen auszuführen sind und das vollständig in ganzen Zahlen abläuft. In der Literatur spricht man vom *ganzzahligen* oder *dritten Algorithmus von* GOMORY (zu seiner Beschreibung siehe etwa [7, 28]). Die numerischen Vorzüge eines solchen Algorithmus liegen auf der Hand, da das in der diskreten Optimierung gefürchtete Anwachsen der Rundungsfehler (siehe dazu 2.2) nicht auftreten kann. Allerdings muß man faktisch alle Eingangsdaten als ganzzahlig voraussetzen. Die Endlichkeit des Verfahrens ist nicht immer gesichert und an schwer nachprüfbare Voraussetzungen gebunden. Hinzu kommen einige algorithmische Erschwernisse, so daß ein klarer Vorteil des Vorgehens nicht erkennbar ist.

Von FINKELSTEIN [18] wurde ein spezielles Verfahren für gemischt-ganzzahlige lineare Optimierungsaufgaben angegeben, bei denen alle ganzzahligen Variablen der

0—1-Bedingung genügen müssen. Zur Konstruktion der Schnitte wird das Vorliegen BOOLEscher Variablen wesentlich benutzt, weshalb man auch vom *B-Algorithmus* spricht.

Schließlich wollen wir auf die *Zerlegungsmethode von* BENDERS [6] hinweisen, die auch in [30] ausführlich dargestellt ist. Bei ihr werden die Variablen in zwei Gruppen, die der ganzzahligen und nicht-ganzzahligen Variablen, eingeteilt und die gemischt-ganzzahlige Aufgabe schrittweise durch Zerlegung in Teilaufgaben, eine gewöhnliche lineare und eine ganzzahlige Optimierungsaufgabe, gelöst. Allerdings enthält das algorithmische Vorgehen auch einige Komplikationen, die eine allgemeine Beurteilung der Leistungsfähigkeit erschweren.

Großes theoretisches und praktisches Interesse kommt den bis heute noch wenig untersuchten *primalen Schnittmethoden* zu, unter denen die *primale Methode von* YOUNG [55] besonders hervorzuheben ist (beachte auch [7]). Die Methode von YOUNG hat große Ähnlichkeit mit dem ganzzahligen Algorithmus von GOMORY und setzt auch die Ganzzahligkeit aller Eingangsdaten der ganzzahligen linearen Optimierungsaufgabe voraus. Während man aber beim Verfahren von GOMORY durch jeden Schnitt eine dual zulässige ganzzahlige Lösung erzeugt und folglich mit der dualen Simplexmethode arbeitet, werden beim Verfahren von YOUNG in jedem Schritt zulässige Lösungen als Näherungen berechnet und die primalen Simplexmethoden verwendet. Daher kann man das Verfahren gegebenenfalls schon vor Erreichung der gesuchten Optimallösung abbrechen.

Die Ausdehnung der Schnittebenenverfahren auf gewisse Klassen von ganzzahligen nichtlinearen Optimierungsaufgaben ist mit den Namen KELLEY und KÜNZI-OETTLI verbunden. Wir wollen auf eine Darstellung dieser beiden Verfahren verzichten (s. hierzu [7]).

Eine hinreichend vollständige Übersicht und ausführliche Beschreibung der Schnittebenenverfahren findet man in [7] und [28].

6.6. *Allgemeine Beurteilung der Schnittebenenverfahren*

Für die Anwendung von Methoden der diskreten Optimierung ist es von grundsätzlicher Bedeutung, zu wissen, mit welcher numerischen Leistungsfähigkeit der Verfahren man erfahrungsgemäß rechnen kann, da von dieser Kenntnis die Beurteilung der Praktikabilität diskreter Modelle abhängig ist. Wir wollen hier eine allgemeine Beurteilung der Leistungsfähigkeit der Schnittebenenverfahren anstreben, ohne ein spezielles Verfahren oder einen speziellen Automatentyp im Auge zu haben. Inhaltlich knüpfen wir an unsere Betrachtungen in 2.2 an, die uns bereits wesentliche Orientierungen zur numerischen Problematik der diskreten Optimierung gaben.

Die Schnittebenenverfahren sind wohl die am meisten untersuchten und getesteten Methoden der diskreten Optimierung. Sie zeichnen sich durch einen einfachen Lösungsgedanken und einen vertretbaren programmiertechnischen Aufwand aus. Ernsthafte Probleme ergeben sich aber bei der *Effektivitätsuntersuchung* der Verfahren. Zwar ist die Endlichkeit der Verfahren unter gewissen Voraussetzungen gesichert, eine brauchbare Schranke für die erforderliche Schrittzahl aber nicht bekannt. Infolge des Fehlens theoretischer Effektivitätsbetrachtungen ist man auf die Ergebnisse von Rechenexperimenten angewiesen. Eine umfassende Übersicht über die Ergebnisse solcher Rechenexperimente kann bei KORBUT-FINKELSTEIN [28] und in dem Artikel von BALINSKI [4] gefunden werden. Alle diese Experimente bestätigen die völlige Unvorhersehbarkeit des Effektivitätsverhaltens der Verfahren. Während bei der Lösung der einen Aufgabe nur eine geringe Schrittzahl erforderlich ist, können bei einer scheinbar gleichgelagerten Aufgabe weit über 1000 Schritte notwendig sein. Schon bei kleineren Aufgaben zeigt sich teilweise eine sehr schleichende Annäherung an die gesuchte Optimallösung, die wiederum ein entsprechendes Anwachsen der Rechenzeit verursacht. Auch ein hinsichtlich der Effektivität klarer Vorteil eines Schnittebenenverfahrens ist nicht erkennbar, obgleich vornehmlich die Algorithmen von GOMORY den Testrechnungen zugrunde gelegen haben. KORBUT und FINKELSTEIN [28] glauben, aus diesen Maschinenexperimenten folgende Tendenz erkennen zu können:

Die Zahl der erforderlichen Schritte hat bei jedem Schnittebenenverfahren (im Mittel) die Tendenz, mit der Vergrößerung der Zahl der Variablen und Restriktionen genauso zu wachsen wie mit einem Wachstum der Größenordnung der Eingangsdaten sowie mit einer Vergrößerung des Besetzungsgrades der Matrix der Nebenbedingungen.

Dabei ist in der Schrittzahl sowohl die Zahl der Schnitte als auch die zur Lösung der jeweiligen linearen Optimierungsaufgaben erforderliche Zahl an Simplexschritten enthalten. Der Besetzungsgrad einer Matrix drückt den Anteil der von Null verschiedenen Elemente aus.

Man kann nicht behaupten, daß die Schnittebenenverfahren schon einen befriedigenden Leistungsstand erreicht haben. Die Schnittebenenverfahren erweisen sich zur Lösung ganzzahliger linearer Optimierungsaufgaben als wesentlich geeigneter als zur Lösung gemischt-ganzzahliger Aufgaben. Auf Grund der Maschinenexperimente scheinen die Schnittebenenmethoden zur Lösung typischer kombinatorischer Modellstrukturen, wie von Rundfahrt- und Reihenfolgeproblemen, besonders ungeeignet zu sein. KORBUT und FINKELSTEIN [28] vermuten, daß man den Grund dafür in der Tatsache erblicken kann, daß die Formulierung solcher kombinatorischer Probleme als lineare Optimierungsaufgaben mit Ganzzahligkeitsforderungen recht unnatürlich ist, zumal schon kleinere kombinatorische Probleme zu Aufgaben mit einer großen Zahl von Variablen und Restriktionen führen. Jedoch läßt sich bis heute auch noch nicht begründet sagen, ob die Entscheidungsbaumverfahren bei derartigen Modellstrukturen wirklich bessere Erfolgsaussichten besitzen.

Neben der Effektivität, die bei diskreten Optimierungsmethoden zweifellos von besonderer Bedeutung ist, spielt die *numerische Instabilität* und die dadurch erschwerte

Entscheidung, ob die Ganzzahligkeitsforderungen erfüllt sind, für die Beurteilung der Lösungsverfahren eine nicht zu unterschätzende Rolle. Wir haben darauf bereits in 2.2 hingewiesen. Jedoch scheinen die Schnittebenenverfahren in dieser Hinsicht keine besonderen Vorteile aufzuweisen, wenn wir vom dritten Algorithmus von GOMORY absehen.

In diesem Zusammenhang bleibt noch die Frage offen, welche *Kapazitätsanforderungen* sich an die Rechenanlage ergeben. Haben wir doch in 6.3 gesehen, daß in jedem GOMORY-Schritt die lineare Optimierungsaufgabe um eine Nebenbedingung und eine Variable erweitert wird. Beachtet man weiterhin, daß wir häufig mit einer sehr großen Zahl von Schnitten rechnen müssen, läßt das ein unvertretbares Anwachsen der Dimension der zu lösenden linearen Optimierungsaufgaben befürchten. Man kann sich aber überlegen, daß im Laufe des Lösungsprozesses zusätzliche Restriktionen bedenkenlos wieder gestrichen werden können, so daß man mit maximal $n - m + 1$ zusätzlichen Nebenbedingungen auskommt. Da weitere m Nebenbedingungen von der Aufgabe selbst herrühren, haben wir im Simplextableau maximal $n + 1$ Zeilen für die Nebenbedingungen vorzusehen. Die sich durch das Streichen von Nebenbedingungen einstellenden numerischen Nachteile können als nicht wesentlich angesehen werden. Auch wenn folglich die Größe der zu lösenden linearen Optimierungsaufgaben begrenzt werden kann, bleiben noch erhebliche Kapazitätsanforderungen an die Rechenanlage bestehen.

Will man trotz dieser vielfältigen Probleme zusammenfassend eine allgemeine Empfehlung zur praktischen Verwendbarkeit von Schnittebenenmethoden zur Lösung von linearen Optimierungsaufgaben mit Ganzzahligkeitsforderungen geben, läßt sich mit der gebotenen Vorsicht folgendes sagen:

1. Die Anwendung von Schnittebenenverfahren wird meist auf Probleme mittlerer Dimension (etwa 100

Variable und 50 bis 60 Nebenbedingungen) beschränkt bleiben.

2. Ganzzahlige Optimierungsaufgaben lassen sich besser als gemischt-ganzzahlige Aufgaben lösen.

3. Kombinatorische Probleme, insbesondere Rundfahrt- und Reihenfolgeprobleme, unterwerfen sich dem Lösungsprozeß der Schnittebenenverfahren sehr schlecht.

4. Die meisten Schnittalgorithmen können aus dem Auftreten BOOLEscher Variablen keinen numerischen Gewinn ziehen.

So bleibt festzustellen, daß sich die Schnittebenenmethoden noch im intensiven Stadium der Entwicklung und Erforschung befinden.

7.   Entscheidungsbaumverfahren

Die in der Gruppe der Entscheidungsbaumverfahren zusammengefaßten Methoden machen gegenüber den Schnittebenenverfahren in stärkerem Maße von dem kombinatorischen Charakter der Aufgabe Gebrauch, weshalb man auch vielfach von den *kombinatorischen Methoden* spricht. So wie die Arbeit von GOMORY [19] den Anstoß für die Entwicklung von Schnittebenenverfahren gegeben hat, wurde die grundlegende Idee der Entscheidungsbaumverfahren von LAND und DOIG [32] im Jahre 1960 dargelegt, obwohl erst die Veröffentlichung von LITTLE, MURTY, SWEENEY und KAREL [34] den eigentlichen Anstoß zu einer intensiveren Untersuchung der Entscheidungsbaumverfahren gegeben hat.

7.1.   *Einteilung der Entscheidungsbaumverfahren*

Die Entscheidungsbaumverfahren werden in Abhängigkeit von dem jeweils verwendeten Lösungsgedanken wie folgt eingeteilt:

1. Die Methodik „branch and bound" (Verzweigung und Beschränkung).
2. Die Methodik „extension and bound" (Erweiterung und Beschränkung).
3. Die vollständige Enumeration.
4. Die begrenzte Enumeration.
5. Die dynamische Optimierung.

Die Methodik „branch and bound" ist zweifellos das bedeutendste Lösungsprinzip und soll hier auch am umfassendsten dargestellt werden. Dabei verwenden wir bewußt den Namen „Methodik", da es sich lediglich um einen allgemeinen Lösungsgedanken handelt, der in sehr unterschiedlicher Weise numerisch realisiert werden kann und auch stark von der Struktur des vorgelegten Problems (Aufgabe mit Ganzzahligkeitsforderungen, Rundfahrtproblem usw.) abhängig ist.

Die Methoden der vollständigen und begrenzten Enumeration faßt man unter dem Begriff *Aufzählungsmethoden* zusammen. Natürlich ist die Methode der vollständigen Enumeration kein ernst zu nehmendes Lösungsprinzip, da die Berechnung aller zulässigen Lösungen meist nicht möglich sein wird. Warum wir die vollständige Enumeration überhaupt angeführt haben, ist in der Tatsache begründet, daß sich teilweise der Einblick in andere Vorgehen bei ihrer Kenntnis vertiefen läßt.

Es sei bemerkt, daß der Gedanke der begrenzten Enumeration eigentlich bei jedem Entscheidungsbaumverfahren Anwendung findet. In unserer obigen Gliederung verbinden wir die begrenzte Enumeration mit einer strengen sequentiellen Organisation des Verfahrens (siehe auch 7.5).

7.2. Der Lösungsgedanke der Branch-and-Bound-Methodik

Bevor wir uns mit der Lösung konkreter Aufgabenstellungen näher befassen, wollen wir zunächst den Grundgedanken der Methodik allgemein darstellen.

7   Dück

Wir gehen von einem Problem (P 1) aus:

$$\max\{Z(x) \mid x \in M_d\}. \qquad \text{(P 1)}$$

Diese Symbolik besagt, daß das Maximum der Zielfunktion $Z(x)$ zu bestimmen ist, wobei x Element einer Menge M_d sein muß (beachte auch Definition 1 von 1.2).

Vielfach ist es wünschenswert, das Problem (P 1) durch ein leichter lösbares Problem (P 2) zu ersetzen

$$\max\{Z(x) \mid x \in M\}, \qquad \text{(P 2)}$$

für das

$$M_d \subset M \qquad (55)$$

gilt. Infolge der Eigenschaft (55) muß für eine Maximallösung x^* von (P 2) die Ungleichung

$$Z(x) \leqq Z(x^*) \text{ für alle } x \in M_d$$

bestehen. Folglich ist, falls x^* auch zur Menge M_d gehört ($x^* \in M_d$), x^* eine Maximallösung von (P 1). In diesem Falle braucht die Methodik überhaupt nicht verwendet zu werden, da (P 2) zur Aufgabe (P 1) äquivalent ist.

Auf das Problem (P 2) wird die Methodik Branch-and-Bound angewandt:

1. Durchführung eines *Verzweigungsschrittes* (Branch-Schritt): Die Menge M wird in zwei Teilmengen M_1, M_2 (die Zerlegung in mehr als zwei Teilmengen ist grundsätzlich möglich) zerlegt, so daß folgende Bedingungen erfüllt sind:

$$\left.\begin{array}{l} M_d \subset M_1 \cup M_2 \subset M, \\ M_1 \cap M_2 = \emptyset. \end{array}\right\} \qquad (56)$$

$\emptyset$ bezeichnet die leere Menge.

Entsprechend dieser Zerlegung betrachten wir im weiteren die beiden Optimierungsaufgaben

$$\max\{Z(x) \mid x \in M_1\}, \qquad \text{(P 3)}$$

$$\max\{Z(x) \mid x \in M_2\}. \qquad \text{(P 4)}$$

2. Durchführung eines *Beschränkungsschrittes* (Bound-Schritt): Wir brauchen jetzt ein Kriterium (*Bound-Funktion*), um zu entscheiden, für welches der Probleme (P 3) oder (P 4) man den Lösungsprozeß durch einen weiteren Verzweigungsschritt fortsetzen soll, falls nicht bereits die gesuchte Lösung erreicht wurde. Dazu berechnen wir obere Schranken S_1, S_2, die folgende Eigenschaft haben:

$$\left. \begin{aligned} Z(x) &\leqq S_1 \text{ für alle } x \in M_1 \\ Z(x) &\leqq S_2 \text{ für alle } x \in M_2. \end{aligned} \right\} \tag{57}$$

Dem nächsten Verzweigungsschritt wird das Problem mit der größten Schranke unterworfen, da wir damit die Hoffnung verbinden, die gesuchte Optimallösung in dieser Teilmenge zu finden. Das schließt jedoch nicht aus, daß in Fortsetzung des Prozesses auch für das andere Problem später eine Verzweigung vorgenommen werden muß.

Es soll uns möglich sein, zu entscheiden, ob den Problemen (P 3) und (P 4) gegebenenfalls bereits die gesuchte Optimallösung entnommen werden kann. Da aber die Angabe eines *Optimalitätskriteriums* sehr stark vom jeweiligen Problem abhängt, können wir in unserer allgemeinen Beschreibung das nicht weiter verfolgen.

Wir nehmen nun an, daß $S_1 > S_2$ gilt, so daß im nächsten Verzweigungsschritt die Menge M_1 in die Teilmengen M_3 und M_4 entsprechend der Forderung

$$\left. \begin{aligned} M_d \cap M_1 &\subset M_3 \cup M_4 \subset M_1 \\ M_3 \cap M_4 &= \emptyset \end{aligned} \right\} \tag{58}$$

zerlegt wird und die beiden Aufgaben

$$\max\{Z(x) \mid x \in M_3\}, \tag{P 5}$$

$$\max\{Z(x) \mid x \in M_4\} \tag{P 6}$$

zu betrachten sind.

Diese Vorgehensweise führt offenbar zu einem Baumgraphen, der in Abb. 16 veranschaulicht ist. Den Knoten entsprechen die hergeleiteten Optimierungsaufgaben.

7*

Wir berechnen wieder Schranken S_3 und S_4 unter Zugrundelegung der Mengen M_3 und M_4. Die Vorschrift für die Berechnung der Bound-Funktion ergänzt man durch die Forderung, daß die Schranken für die Knoten monoton abnehmen, in unserem Falle also

$$S_3 \leqq S_1 \text{ und } S_4 \leqq S_1$$

gilt.

Die Entscheidung über den nächsten Verzweigungsschritt erfolgt für alle Knoten, die bisher noch nicht einer Verzweigung unterworfen wurden (also für die Probleme (P 4), (P 5), (P 6)). Die größte der Schranken S_2, S_3, S_4 bestimmt also die weiter zu verzweigende Optimierungsaufgabe. In Abb. 16 wurde angenommen, daß S_4 maximal ist, so daß (P 6) in (P 7) und (P 8) zerlegt wird. Nach Berechnung der Schranken S_5 und S_6 für die neuen Probleme haben wir unter S_2, S_3, S_5 und S_6 die größte Schranke zu suchen. In Abb. 16 führte diese Entscheidung zur Zerlegung von (P 4).

Natürlich sichert uns dieses allgemeine Lösungsschema noch nicht, daß wir wirklich zu einer Lösung des Ausgangs-

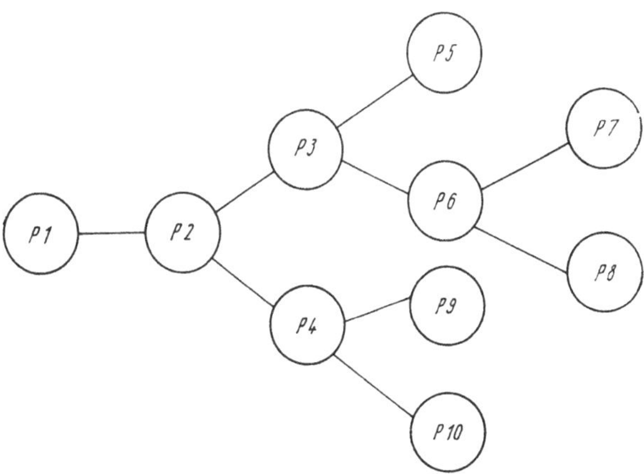

Abb. 16

problems (P 1) gelangen. Wir wollen in den beiden folgenden Abschnitten für das Rucksackproblem und für lineare Optimierungsaufgaben mit Ganzzahligkeitsforderungen zeigen, wie unterschiedlich der Lösungsgedanke der Branch-and-Bound-Methodik umgesetzt werden kann.

7.3. *Anwendung auf das Rucksackproblem*

Die Anwendung der Branch-and-Bound-Methodik wollen wir für das Rucksackproblem (beachte 4.3)

$$\left.\begin{array}{l} Z = 10x_1 + 15x_2 + 16x_3 + x_4 \text{ max} \\ 20x_1 + 15x_2 + 20x_3 + 5x_4 \leqq 25 \\ x_j = 0 \text{ oder } 1,\ j = 1, 2, 3, 4 \end{array}\right\} \qquad \text{(P 1)}$$

erläutern, wobei das Vorliegen BOOLEscher Variablen stark bei der Beschreibung des Vorgehens berücksichtigt wird.

Wir wenden auf (P 1) sofort einen Verzweigungsschritt an, ohne vorher eine vereinfachte Aufgabe (P 2) zu erklären. Wie können wir die Verzweigungsregel festlegen ? Das ist bei BOOLEschen Variablen sehr einfach, da wir nur eine Variable, etwa x_1, das eine Mal mit dem Wert Null und das andere Mal mit dem Wert 1 zu fixieren brauchen. Wir erhalten dann die beiden Probleme:

$$\left.\begin{array}{l} x_1 = 0\colon Z = 15x_2 + 16x_3 + x_4 \text{ max} \\ \qquad 15x_2 + 20x_3 + 5x_4 \leqq 25 \\ \qquad x_j = 0 \text{ oder } 1,\ j = 2, 3, 4, \end{array}\right\} \qquad \text{(P 3)}$$

$$\left.\begin{array}{l} x_1 = 1\colon Z = 10 + 15x_2 + 16x_3 + x_4 \text{ max} \\ \qquad 15x_2 + 20x_3 + 5x_4 \leqq 5 \\ \qquad x_j = 0 \text{ oder } 1,\ j = 2, 3, 4. \end{array}\right\} \qquad \text{(P 4)}$$

Für die Mengen M, M_1, M_2 von (56) gilt:

$$M = \{(x_1, x_2, x_3, x_4):$$
$$20x_1 + 15x_2 + 20x_3 + 5x_4 \leqq 25;\ x_j = 0 \text{ oder } 1\},$$

$$M_1 = \{(0, x_2, x_3, x_4):$$
$$15x_2 + 20x_3 + 5x_4 \leqq 25,\ x_j = 0 \text{ oder } 1\},$$

$$M_2 = \{(1, x_2, x_3, x_4):$$
$$15x_2 + 20x_3 + 5x_4 \leqq 5,\ x_j = 0 \text{ oder } 1\}.$$

Man bestätigt sofort $M = M_1 \cup M_2$ und $M_1 \cap M_2 = \emptyset$. Als Bound-Funktion wählen wir den Wert der Zielfunktion, der sich ergibt, wenn wir alle Variablen mit dem Wert 1 ansetzen. Wegen der $0-1$-Bedingung für die Variablen ist dann (57) und zwangsläufig auch die Monotonieforderung $S_3 \leqq S_1$, $S_4 \leqq S_1$ erfüllt. Wir finden:

$$S_1 = 15 + 16 + 1 = 32,$$
$$S_2 = 10 + 15 + 16 + 1 = 42.$$

In Abb. 17 ist der Baumgraph für das vorgelegte Rucksackproblem dargestellt. Unter jedem Knoten stehen zwei Zahlen. Die erste Zahl gibt den Schrankenwert an, die zweite Zahl bezeichnet die rechte Seite der Nebenbedingung des Problems und beinhaltet in der Sprache des Modells das Restgewicht, über das noch verfügt werden kann. Die Mitführung der zweiten Zahl erfolgt, um die Zulässigkeit des Knotens zu prüfen. Wird in einem Knoten die Nebenbedingung verletzt, setzen wir das Symbol * und brechen in dem Knoten den weiteren Verzweigungsprozeß ab. In Abb. 17 sind die Knoten in der Reihenfolge ihres Auftretens numeriert. Wir beschränken uns darauf, den weiteren Lösungsprozeß durch Angabe der Optimierungsaufgaben zu verfolgen:

$$(\text{P }5)\colon \max\{10 + 16x_3 + x_4 \mid 20x_3 + 5x_4 \leqq 5,$$
$$x_j = 0 \text{ oder } 1\},$$

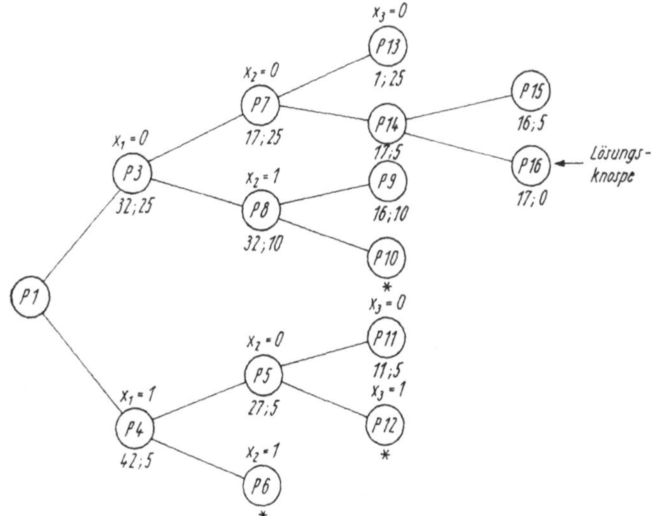

Abb. 17

$$(P\ 6)\colon \max\{25 + 16x_3 + x_4 \mid 20x_3 + 5x_4 \leqq -10,$$
$$x_j = 0 \text{ oder } 1\},$$

$$(P\ 7)\colon \max\{16x_3 + x_4 \mid 20x_3 + 5x_4 \leqq 25,$$
$$x_j = 0 \text{ oder } 1\},$$

$$(P\ 8)\colon \max\{15 + 16x_3 + x_4 \mid 20x_3 + 5x_4 \leqq 10,$$
$$x_j = 0 \text{ oder } 1\},$$

$$(P\ 9)\colon \max\{15 + x_4 \mid 5x_4 \leqq 10, x_4 = 0 \text{ oder } 1\},$$

$$(P\ 10)\colon \max\{31 + x_4 \mid 5x_4 \leqq -10, x_4 = 0 \text{ oder } 1\},$$

$$(P\ 11)\colon \max\{10 + x_4 \mid 5x_4 \leqq 5, x_4 = 0 \text{ oder } 1\},$$

$$(P\ 12)\colon \max\{21 + x_4 \mid 5x_4 \leqq -15, x_4 = 0 \text{ oder } 1\},$$

$$(P\ 13)\colon \max\{x_4 \mid 5x_4 \leqq 25, x_4 = 0 \text{ oder } 1\},$$

$$(P\ 14)\colon \max\{16 + x_4 \mid 5x_4 \leqq 5, x_4 = 0 \text{ oder } 1\}.$$

Es bleibt noch zu überlegen, woran die Optimalität erkennbar ist. Optimalität kann sich erst in einem Endpunkt des Baumes, einer sogenannten Knospe, einstellen, da dann alle Variablen belegt sind. Die Knospe mit der größten Schranke (Lösungsknospe) bestimmt die optimale Lösung. In Abb. 17 ist das für (P 16) erreicht. Eine weitere Verzweigung von (P 13), (P 9) und (P 11) ist sinnlos, da ihre Schranken kleiner als die Schranke von (P 16) sind, sich aber durch die Verzweigung die Schranken nur weiter verkleinern. Die optimale Lösung lautet:

$$x_1 = 0, \, x_2 = 0, \, x_3 = 1, \, x_4 = 1; \, Z_{\max} = 17.$$

Damit haben wir für ein einfaches $0-1$-Problem gezeigt, wie sich der Lösungsgedanke des Branch-and-Bound praktisch umsetzen läßt. Natürlich hätte sich bei diesem einfachen Problem die Lösung wesentlich leichter ermitteln lassen.

7.4. Anwendung auf lineare Optimierungsaufgaben mit Ganzzahligkeitsforderungen

Die Güte eines Branch-and-Bound-Verfahrens hängt wesentlich davon ab, wie gut die berechneten Schranken sind. Durch kleine Schranken werden mehr Äste frühzeitig abgeschnitten, so daß sich die gesuchte Optimallösung schneller erreichen läßt. Besonders günstig ist es, als Schranken die Maximalwerte der Zielfunktion der durch die Verzweigung erhaltenen Optimierungsaufgaben zu wählen. Das wird bei der Anwendung der Branch-and-Bound-Methodik auf lineare Optimierungsaufgaben mit Ganzzahligkeitsforderungen gemacht. Eine Unterscheidung zwischen ganzzahligen und gemischt-ganzzahligen Aufgaben ist für die Anwendung dieser Methodik faktisch ohne Belang.

Entsprechend unserer Zielstellung gehen wir von dem Problem

$$\max\{c'x \mid Ax = b, \, x \geq 0, \text{ gewisse } x_i \text{ ganzzahlig}\} \quad \text{(P 1)}$$

aus, das wir zunächst durch die einfachere Aufgabe

$$\max\{c'x \mid Ax = b, x \geq 0\} \qquad \text{(P 2)}$$

ohne Ganzzahligkeitsforderungen ersetzen. Es gilt

$$M_d = \{x : Ax = b,\ x \geq 0,\ \text{gewisse } x_i \text{ ganzzahlig}\},$$

$$M\ \ = \{x : Ax = b,\ x = 0\},$$

$$M_d \subset M.$$

x^* sei Maximallösung von (P 2). Wir setzen jedoch voraus, daß sie nicht den Ganzzahligkeitsforderungen genügt und folglich nicht zur Menge M_d gehört, da sonst die Anwendung der Methodik entfallen würde.

Durchführung des *Verzweigungsschrittes*: Die Optimallösung x^* enthält nach unserer Voraussetzung wenigstens eine nicht ganzzahlige Basisvariable $x_r = d_r$, für die aber die Ganzzahligkeitsforderung besteht. $d_r^{(u)}$ sei die größte ganze Zahl, die kleiner als d_r ist, und $d_r^{(o)}$ die kleinste ganze Zahl, die größer als d_r ist

$$d_r^{(u)} < d_r < d_r^{(o)}.$$

Die Zerlegung von M in zwei disjunkte Teilmengen M_1, M_2 erfolgt durch folgende Vorschrift:

$$M_1 = \{x : Ax = b,\ x_r \leq d_r^{(u)},\ x \geq 0\},$$

$$M_2 = \{x : Ax = b,\ x_r \geq d_r^{(o)},\ x \geq 0\}.$$

Abb. 18 veranschaulicht diesen Zerlegungsprozeß. Dabei sind wir von der Vorstellung ausgegangen, daß eine ganzzahlige lineare Optimierungsaufgabe zu lösen ist. Der Menge M entspricht das Polygon $ABCDEF$. Die Teilmengen M_1 und M_2 sind durch Schraffur hervorgehoben. Nichtganzzahliger Optimalpunkt sei D. Man bestätigt leicht die Gültigkeit der allgemeinen Forderung (56):

1. Beide Mengen M_1 und M_2 haben keinen gemeinsamen Punkt ($M_1 \cap M_2 = \emptyset$).
2. Sämtliche optimalen Gitterpunkte (Elemente der Menge M_d) sind in der Vereinigung $M_1 \cup M_2$ enthalten.
3. Die Vereinigung $M_1 \cup M_2$ ist eine Untermenge von M.

Zusätzlich ist gesichert, daß der Optimalpunkt D weder zu M_1 noch zu M_2 gehört,

$$x^* \notin M_1 \cup M_2.$$

Dann kann uns der Lösungsprozeß nicht wieder zu dieser Optimallösung x^* zurückführen.

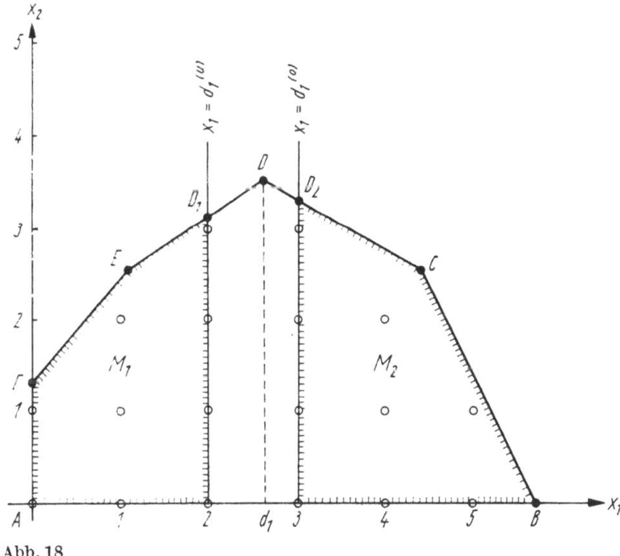

Abb. 18

Die weiteren Betrachtungen knüpfen an die beiden linearen Optimierungsaufgaben

$$\max\{c'x \mid Ax = b,\ x_r \leqq d_r^{(u)},\ x \geqq 0\}, \qquad \text{(P 3)}$$

$$\max\{c'x \mid Ax = b,\ x_r \geqq d_r^{(o)},\ x \geqq 0\} \qquad \text{(P 4)}$$

an.

Durchführung des *Beschränkungsschrittes*: Als Schranken wählen wir die Maximalwerte der Zielfunktion der beiden linearen Optimierungsaufgaben (P 3) und (P 4)

$$S_1 = Z_{\max}^{(P3)},$$
$$S_2 = Z_{\max}^{(P4)}.$$

Die *Fortsetzung des Verfahrens* entspricht dem geschilderten Vorgehen in 7.2. Wir verfolgen den Lösungsprozeß, ausgehend von Abb. 18, weiter. Den Optimallösungen der beiden Aufgaben (P 3) und (P 4) mögen die Punkte D_1 und D_2 entsprechen, und es sei

$$Z_{\max}^{(\mathrm{P}3)} < Z_{\max}^{(\mathrm{P}4)}.$$

Dann knüpft der weitere Verzweigungsprozeß an die Aufgabe (P 4) mit der Menge der zulässigen Lösungen M_2 an. D_2 entspricht keiner ganzzahligen Optimallösung. Mit den ganzzahligen Unter- und Obergrenzen $d_2^{(u)}$ bzw. $d_2^{(o)}$ führt uns die Zerlegung zu den beiden Mengen (Abb. 19)

$$M_3 = \{x : x_2 \leqq d_2^{(u)}, \, x \in M_2\},$$
$$M_4 = \{x : x_2 \geqq d_2^{(o)}, \, x \in M_2\}.$$

In Abb. 19 ist M_4 leer, so daß die Aufgabe

$$\max\{c'x \mid x_2 \geqq d_2^{(o)}, \, x \in M_2\} \tag{P 6}$$

keine Lösung besitzen kann. In diesem Knoten bricht der Lösungsprozeß zwangsläufig ab. Für eine eventuelle weitere Verzweigung kommt nur noch die Aufgabe

$$\max\{c'x \mid x_2 \leqq d_2^{(u)}, \, x \in M_2\} \tag{P 5}$$

in Frage. Man verifiziere die Forderung (58) von 7.2 (beachte, daß wir M_2 zerlegt haben), insbesondere die Bedingung

$$M_d \cap M_2 \subset M_3 \cup M_4 \subset M_2.$$

Dabei beachte man, daß $M_d \cap M_2$ die Gesamtheit der in M_2 gelegenen optimalen Gitterpunkte darstellt.

Wir haben noch einige Bemerkungen zur allgemeinen Vorgehensweise anzuschließen.

Das Verfahren bricht in einem Knoten ab, wenn

1. die entsprechende lineare Optimierungsaufgabe unlösbar ist (und folglich eine Schranke überhaupt nicht angegeben werden kann),
2. die Optimallösung den Ganzzahligkeitsforderungen genügt,
3. die entsprechende lineare Optimierungsaufgabe zwar

eine Optimallösung besitzt, die nicht den Ganzzahligkeitsforderungen genügt, ihre Schranke aber kleiner
als der Maximalwert einer bereits berechneten Optimallösung ist, die die Ganzzahligkeitsforderungen be-
friedigt.

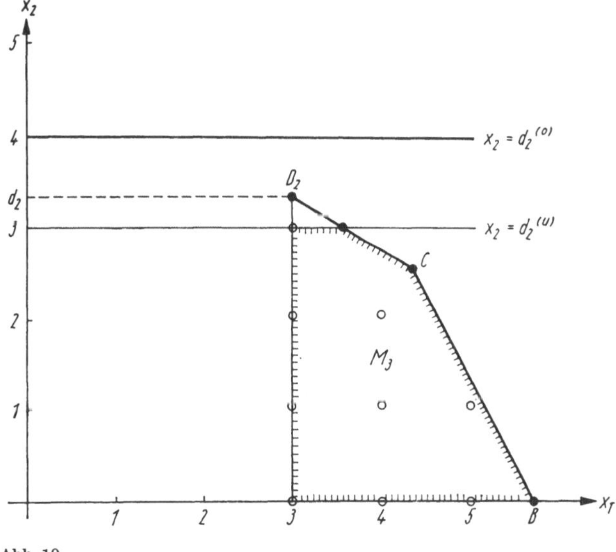

Abb. 19

Die Aufgabe (P 1) ist *unlösbar*, falls in jedem Knoten,
der noch keiner Verzweigung unterworfen wurde, die
zugehörigen linearen Optimierungsaufgaben keine Optimallösung besitzen und vorher noch keine Optimallösung
gefunden wurde, für die die Ganzzahligkeitsforderungen
erfüllt sind. Unter den gefundenen Optimallösungen, die
den Ganzzahligkeitsforderungen genügen, stellt die mit
dem größten Wert für die Zielfunktion die gesuchte Lösung dar. Die Endlichkeit des Prozesses ergibt sich aus
der Art des Vorgehens.

Es kann nicht unser Anliegen sein, auf die vielfältigen
numerischen Probleme einzugehen, die sich bei der Lö-

sung der in den einzelnen Zerlegungsschritten erhaltenen linearen Optimierungsaufgaben ergeben. Wir verweisen dazu etwa auf [15].

Beispiel: Vorgelegt sei die ganzzahlige lineare Optimierungsaufgabe (50), (51) von 6.3, deren nichtganzzahlige Optimallösung (Punkt P von Abb. 20, beachte auch Abb. 15)

$$x_1 = \frac{10}{3}, \ x_2 = \frac{14}{3}$$

ist. Wir entscheiden uns dafür, x_1 auf ganzzahlige Werte zu zwingen. Es gilt ($\frac{10}{3}$ liegt zwischen den ganzen Zahlen 3 und 4)

$$d_1^{(u)} = 3, \ d_1^{(o)} = 4.$$

Der Zerlegungsprozeß führt uns zu den beiden linearen Optimierungsaufgaben

$$\left.\begin{array}{l} Z = 4x_1 + 5x_2 \ \text{max} \\[4pt] x_1 + x_2 \leqq 8 \\[4pt] 7x_1 + 10x_2 \leqq 70 \\[4pt] x_1 \leqq 3 \\[4pt] x_1, x_2 \geqq 0 \end{array}\right\} \qquad (\text{P } 3)$$

und

$$\left.\begin{array}{l} Z = 4x_1 + 5x_2 \ \text{max} \\[4pt] x_1 + x_2 \leqq 8 \\[4pt] 7x_1 + 10x_2 \leqq 70 \\[4pt] x_1 \geqq 4 \\[4pt] x_1, x_2 \geqq 0. \end{array}\right\} \qquad (\text{P } 4)$$

Die Optimallösungen von (P 3) und (P 4) sind (Punkte Q_1 und Q_2 von Abb. 20)

$$x_1 = 3, \ x_2 = \frac{49}{10}, \ Z_{\text{max}}^{(\text{P3})} = \frac{73}{2}$$

bzw.

$$x_1 = 4, \ x_2 = 4, \ Z_{\text{max}}^{(\text{P4})} = 36. \qquad (59)$$

Da die Optimallösung von (P 4) ganzzahlig ist, bricht
hier zwangsläufig der Verzweigungsprozeß ab (beachte
auch Abb. 21). Weiterhin gilt

$$Z_{\max}^{(P3)} > Z_{\max}^{(P4)},$$

so daß der Verzweigungsprozeß für (P 3) fortgesetzt wer-
sen muß. Mit

$$d_2^{(u)} = 4, \; d_2^{(o)} = 5$$

ergeben sich die beiden linearen Optimierungsaufgaben

$$\left.\begin{aligned}
Z &= 4x_1 + 5x_2 \; \max \\
x_1 + x_2 &\leq 8 \\
7x_1 + 10x_2 &\leq 70 \\
x_1 &\leq 3 \\
x_2 &\leq 4 \\
x_1, x_2 &\geq 0
\end{aligned}\right\} \quad \text{(P 5)}$$

und

$$\left.\begin{aligned}
Z &= 4x_1 + 5x_2 \; \max \\
x_1 + x_2 &\leq 8 \\
7x_1 + 10x_2 &\leq 70 \\
x_1 &\leq 3 \\
x_2 &\geq 5 \\
x_1, x_2 &\geq 0.
\end{aligned}\right\} \quad \text{(P 6)}$$

(P 5) besitzt die Optimallösung (Punkt R_1 von Abb. 20)

$$x_1 = 3, \; x_2 = 4, \; Z_{\max}^{(P5)} = 32.$$

Die optimale Lösung von (P 6) ist (Punkt R_2 von Abb. 20)

$$x_1 = \frac{20}{7}, \; x_2 = 5, \; Z_{\max}^{(P6)} = \frac{255}{7}.$$

Für (P 5) bricht der Verzweigungsprozeß ab, weil die
zugehörige Optimallösung ganzzahlig ist. Sie kann aber
nicht die gesuchte ganzzahlige Optimallösung sein; denn

ihr Maximalwert ist kleiner als der von Aufgabe (P 4) (Gleichung (59)).

Für (P 6) muß eine weitere Verzweigung wegen

$$Z_{\max}^{(P6)} > Z_{\max}^{(P4)}$$

erfolgen. Zu (P 6) gehört die Menge der zulässigen Lösungen M_4, die in Abb. 20 schraffiert gezeichnet ist. Der Zerlegungsprozeß für (P6) führt zu den beiden linearen Optimierungsaufgaben ($d_1^{(u)} = 2$, $d_1^{(o)} = 3$)

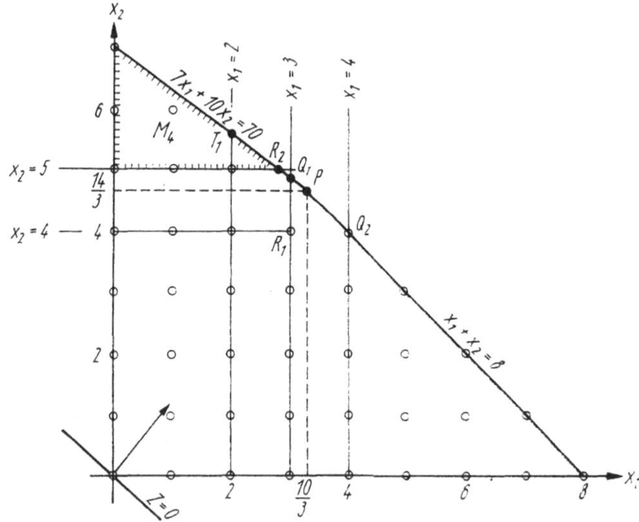

Abb. 20

$$\begin{aligned} Z = 4x_1 + 5x_2 \ \text{max} \\ x_1 + x_2 \leqq 8 \\ 7x_1 + 10x_2 \leqq 70 \\ x_1 \leqq 2 \\ x_2 \geqq 5 \\ x_1, x_2 \geqq 0 \end{aligned} \qquad \text{(P 7)}$$

und

$$Z = 4x_1 + 5x_2 \text{ max}$$
$$x_1 + x_2 \leq 8$$
$$7x_1 + 10x_2 \leq 70$$
$$x_1 \leq 3 \qquad\qquad\qquad\qquad\text{(P 8)}$$
$$x_2 \geq 5$$
$$x_1 \geq 3$$
$$x_1, x_2 \geq 0.$$

Die Aufgabe (P 7) besitzt die optimale Lösung (Punkt T_1 von Abb. 20)

$$x_1 = 2, \; x_2 = \frac{28}{5}, \; Z^{(P7)}_{\max} = 36.$$

Eine weitere Verzweigung kann entfallen, da wir in Q_2 (Gleichung (59)) bereits eine ganzzahlige Optimallösung mit dem gleichen Optimalwert für die Zielfunktion gefunden haben. Die Aufgabe (P 8) ist offenbar unlösbar. Damit ist der Lösungsprozeß beendet. Die gesuchte ganzzahlige Optimallösung ist durch (59) (Punkt Q_2 von Abb. 20) gegeben. Also waren zwei weitere Zerlegungsschritte erforderlich, um zu sichern, daß die Q_2 entsprechende ganzzahlige Lösung die gesuchte Optimallösung ist.

Der Baumgraph des Lösungsprozesses wird in Abb. 21 veranschaulicht. In jedem Knoten ist neben der Optimallösung auch der zugehörige Maximalwert der Zielfunktion vermerkt. Oberhalb des Knotens steht die Bezeichnung des entsprechenden Punktes von Abb. 20.

7.5. *Aufzählungsmethoden*

Vom Lösungsprinzip her ist die *vollständige Enumeration* der einfachste Weg zur Berechnung kombinatorischer Optimierungsaufgaben. Bei ihr werden alle zulässigen Lösungen bestimmt und die optimalen Lösungen durch den Vergleich der Zielfunktionswerte ermittelt.

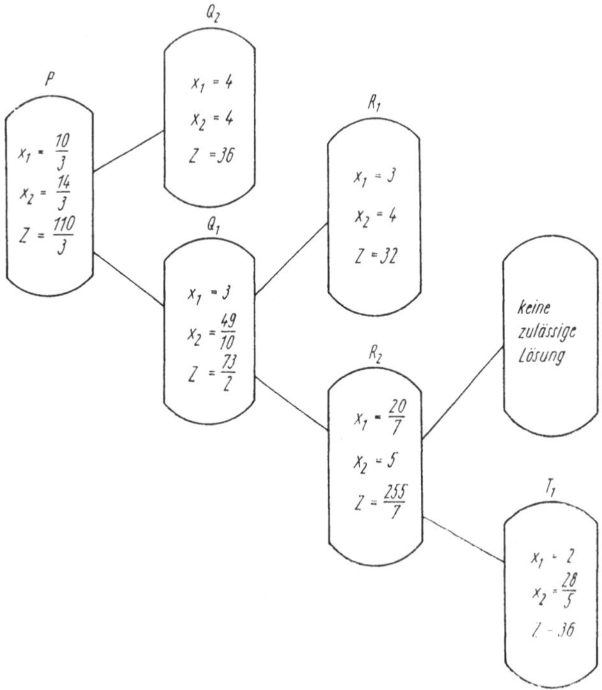

Abb. 21

Beispiel: Wir wollen die Methode der vollständigen Enumeration für das Rucksackproblem von 7.3 verdeutlichen. Die Berechnung aller zulässigen Lösungen ist mit der Bestimmung des vollständigen Lösungsbaumes gleichbedeutend. Die Konstruktion der 16 Äste des Baumes erfolgt auf der Grundlage des Vorgehens in Tab. 1. Man beachte dabei die streng *sequentielle Organisation* der Methode. In den 16 Knospen des Baumes prüft man zunächst, ob ihnen eine zulässige Lösung entspricht, also die Nebenbedingung

$$20x_1 + 15x_2 + 20x_3 + 5x_4 \leqq 25$$

erfüllt ist. Bei Nichtzulässigkeit steht in der letzten Spalte von Tab. 1 das Symbol $*$. Ansonsten werden die Zielfunktionswerte berechnet und in die letzte Spalte von Tab. 1 eingetragen. Durch Vergleich finden wir die Lösungsknospe (Symbol $\times$ in Abb. 22) und die zugehörige Optimallösung

$$x_1 = 0,\ x_2 = 0,\ x_3 = 1,\ x_4 = 1;\ Z_{\max} = 17.$$

Tabelle 1

Nr.	x_1	x_2	x_3	x_4	Z
1	0	0	0	0	0
2	0	0	0	1	1
3	0	0	1	0	16
4	0	0	1	1	17	←Lösungsknospe
5	0	1	0	0	15
6	0	1	0	1	16
7	0	1	1	0	$*$
8	0	1	1	1	$*$
9	1	0	0	0	10
10	1	0	0	1	11
11	1	0	1	0	$*$
12	1	0	1	1	$*$
13	1	1	0	0	$*$
14	1	1	0	1	$*$
15	1	1	1	0	$*$
16	1	1	1	1	$*$

Die Methode der vollständigen Enumeration ist natürlich bei größeren Aufgaben im allgemeinen praktisch undurchführbar. Als Lösungsprinzip kommt sie höchstens für ein einmaliges, nicht laufend auftretendes Problem in Frage, das wenige zulässige Lösungen besitzt.

Ein Vergleich von Abb. 22 mit Abb. 17 zeigt, welche Vereinfachung bei der Lösung des Rucksackproblems durch die Verwendung der Branch-and-Bound-Methodik erzielt

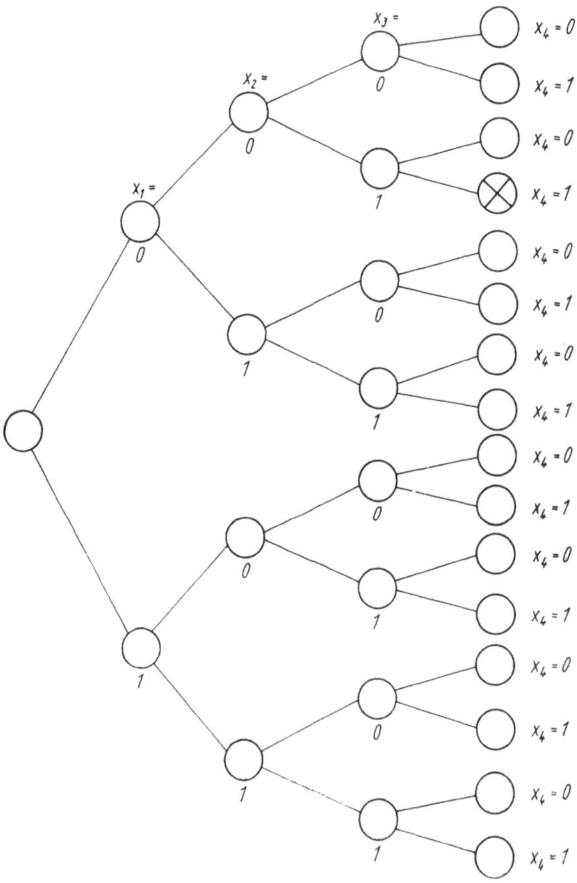

Abb. 22

wurde. Meist konnten wir in Abb. 17 auf Grund des
Lösungsprinzips die Konstruktion des Astes vorzeitig abbrechen.

Die Methode der *begrenzten Enumeration* verwendet
das gleiche sequentielle Konstruktionsprinzip des Lö-

8*

sungsbaumes wie die vollständige Enumeration. Allerdings bricht man in einem Knoten den Ast ab, wenn die Unzulässigkeit der sich ergebenden Lösungen vorher erkennbar ist.

Beispiel: Für das Rucksackproblem von 7.3 ist das Lösungsprinzip der begrenzten Enumeration in Tab. 2 festgehalten. Eine gegebenenfalls vorliegende Unzulässigkeit wird durch Prüfung der Nebenbedingung in jedem Knoten festgestellt. In Tab. 2 steht an einer solchen Stelle das Symbol $*$. Abb. 23 veranschaulicht den Lösungsbaum. Ein Vergleich mit Abb. 22 bestätigt die erzielte Vereinfachung gegenüber der vollständigen Enumeration.

Tabelle 2

Nr.	x_1		x_2		x_3		x_4	Z	
1	0	—	0	—	0	—	0	0	
2	0	—	0	—	0	—	1	1	
3	0	—	0	—	1	—	0	16	
4	0	—	0	—	1	—	1	17	←Lösungsknospe
5	0	—	1	—	0	—	0	15	
6	0	—	1	—	0	—	1	16	
7	0	—	1	—	1 $*$	—			
8	1	—	0	—	0	—	0	10	
9	1	—	0	—	0	—	1	11	
10	1	—	0	—	1 $*$	—			
11	1	—	1 $*$						

Die Methode der begrenzten Enumeration kann weiter verbessert werden, wenn man sich, ähnlich wie bei der Branch-and-Bound-Methodik, Schranken verschafft, bei deren Unterschreitung der Konstruktionsprozeß des Astes abgebrochen wird. Trotzdem bleibt die Methode der begrenzten Enumeration sehr aufwendig. Man verwendet

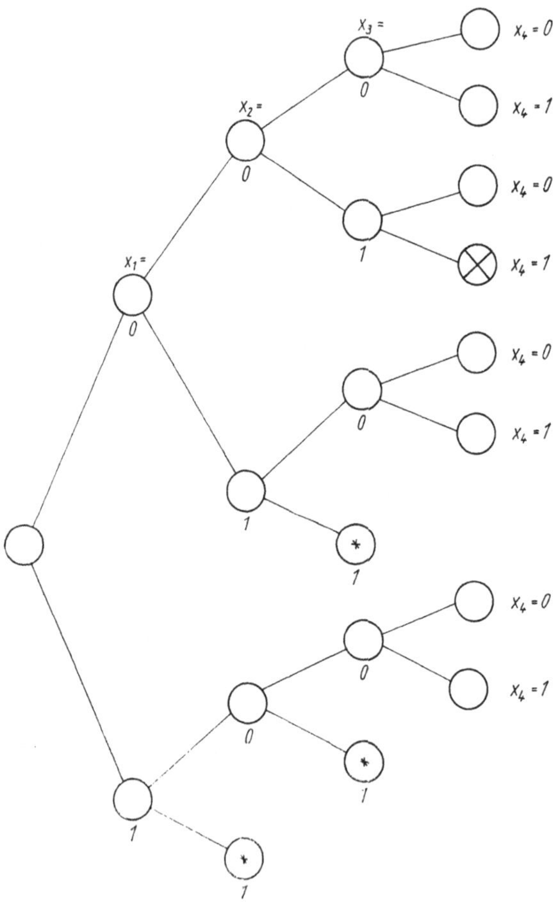

Abb. 23

sie meist nur zur Lösung spezieller Aufgabenstrukturen,
wie z.B. des Rundfahrtproblems, und schaltet ein heuristisches Verfahren vor. Die Anfangslösung des heuristischen Verfahrens muß die Berechnung einer brauchbaren

Enumerationsschranke ermöglichen. Eine ausführliche Darstellung der begrenzten Enumeration findet man z. B. bei MÜLLER-MERBACH [39].

7.6. *Dynamische Optimierung*

Das älteste Entscheidungsbaumverfahren ist die Methode der dynamischen Optimierung. Es unterscheidet sich von den bisher besprochenen Methoden in der Art der Organisation des Enumerationsprozesses.

Die Methode der begrenzten Enumeration ist sequentiell organisiert, da die einzelnen Äste des Lösungsbaumes dem Konstruktionsprozeß hintereinander unterworfen werden. Dagegen verwendet die dynamische Optimierung eine strenge *parallele Organisation* des Prozesses, bei dem die Äste parallel zueinander aufgebaut werden. In jeder Stufe des Prozesses werden die den parallelen Knoten entsprechenden Teillösungen verglichen. Das hat den Vorteil einer guten Übersichtlichkeit des Lösungsbaumes. Jedoch ist zwangsläufig dadurch auch eine erhebliche Speicheranforderung an den Rechenautomaten verbunden.

Bei einer solchen graphentheoretischen Klassifizierung der Entscheidungsbaumverfahren stellt sich die Methodik des Branch-and-Bound als *gemischte Organisation* des Enumerationsprozesses dar, weil die Konstruktion des Baumes sowohl parallel als auch sequentiell erfolgt. In dieser Hinsicht können also die begrenzte Enumeration und die dynamische Optimierung als Grenzfälle des Branch-and-Bound angesehen werden.

Es ist schwer, allgemein einzuschätzen, welche Organisationsform des Entscheidungsbaumverfahrens man im Einzelfall bevorzugen sollte. Das wird stark von der Struktur und Größe des Problems abhängen. Aber aus der Art unserer Beschreibung ergibt sich zwangsläufig:

1. Besitzt ein Problem einen breit auseinandergehenden Lösungsbaum (wie z. B. das Rundfahrtproblem), eignet sich die Parallelorganisation der dynamischen Optimierung wenig, da man schon bei kleineren Problemen an die Grenze der Speicherkapazität des Automaten geführt werden kann.
2. Hat ein Problem einen sehr schmalen und langgestreckten Lösungsbaum, wird die sequentielle Organisation der begrenzten Enumeration, die immer nur einen Ast verfolgt, meist kein sehr brauchbares Lösungsverfahren liefern.

Die dynamische Optimierung ist häufig am einfachsten in der Lage, sich den spezifischen Eigenschaften des Problems anzupassen.

Bis heute kann die dynamische Optimierung noch nicht als ein sehr leistungsfähiges Lösungsprinzip der diskreten Optimierung angesehen werden. Daher haben wir auch nur den Grundgedanken der Methodik gestreift. Die Anwendung der dynamischen Optimierung auf lineare ganzzahlige Optimierungsaufgaben beschreibt PIEHLER [43]. Für reine 0—1-Probleme haben LOMMATZSCH und DOMES [35] einen auf der dynamischen Optimierung beruhenden Algorithmus entwickelt, bei dem der Rechenaufwand nur proportional zur Zahl der Nebenbedinungen steigt. Es sei erwähnt, daß auch der bekannte Algorithmus von JOHNSON [23] zur Lösung von Maschinenbelegungsproblemen mit n Aufträgen und zwei Maschinen auf der Anwendung des Prinzips der dynamischen Optimierung beruht.

7.7. *Das Erweiterungsprinzip*

Als letztes allgemeines Lösungsschema kombinatorischer Optimierungsaufgaben wollen wir die Methodik „extension and bound" (Erweiterung und Beschränkung) erwähnen, die von SCHOCH [47] auch als Erweiterungsprinzip bezeichnet wird.

Wir verzichten auf die Darlegung des Lösungsgedankens, der in seiner praktischen Umsetzung sehr stark vom zu behandelnden Aufgabentyp abhängt. Die Leistungsfähigkeit der Methodik wird wesentlich durch die Ausnutzung umfangreicher Kenntnisse über die vorgelegte Aufgabe beeinflußt. Hauptsächliche Anwendung hat das Erweiterungsprinzip zur Lösung linearer Zuordnungsprobleme und von Rundfahrtproblemen erfahren. Es sind aber auch Untersuchungen zur Lösung anderer Aufgabenklassen (beachte dazu den Übersichtsartikel [45]) angestellt worden.

7.8. *Übersicht über die Entscheidungsbaumverfahren*

Die in den vorangegangenen Abschnitten besprochenen Lösungsmethodiken bilden die Grundlage der verschiedenartigsten Entscheidungsbaumverfahren. Es liegt nahe, daß schon die Zahl dieser Methodiken es unmöglich macht, einen vollständigen Überblick über die Entscheidungsbaumverfahren zu geben. Wir beschränken uns daher auf solche Verfahren, die sich der zweifellos bedeutungsvollsten Branch-and-Bound-Methodik bedienen. Außerdem werden wir die Lösung von Aufgaben mit Ganzzahligkeitsforderungen im Auge haben und Verfahren für spezielle diskrete Modellstrukturen erst im letzten Kapitel besprechen. Umfangreiche Übersichten sind insbesondere in [7, 28, 33] zu finden.

Die *Methode von* LAND *und* DOIG [32] ist, wie bereits früher erwähnt, das älteste Entscheidungsbaumverfahren zur Lösung gemischt-ganzzahliger linearer Optimierungsaufgaben. Ein Nachteil dieses Verfahrens ist der sehr große Speicherbedarf, der bei größeren Aufgaben erheblich ins Gewicht fällt. Dieser Nachteil wird beim *Verfahren von* DAKIN [9] (beachte auch [7]) ausgeglichen, das mit einem stark herabgesetzten Speicherbedarf auskommt und das meist auch kürzere Rechenzeiten erzielt. Für umfangreiche lineare Optimierungsaufgaben mit wenigen ganzzahligen Variablen, die nur kleiner Werte (etwa kleiner als sechs) fähig sind, ist ein spezieller *Algorithmus von* DRIEBEEK [13] (siehe auch [7]) angegeben worden.

Besondere Beachtung verdienen die Entscheidungsbaumverfahren zur Lösung linearer Optimierungsaufgaben mit BOOLEschen Variablen. Erwähnt sei zunächst der *additive Algorithmus von* BALAS [1] (siehe auch [7, 28]) für Aufgaben, bei denen sämtliche Variablen der 0—1-Bedingung genügen. Eine Weiterentwicklung des additiven Algorithmus ist die ebenfalls von BALAS [2] entwickelte *Filtermethode*, durch die der Lösungsprozeß beschleunigt wird (beachte auch [7, 28, 30]). Beide Verfahren lassen sich unmittelbar auf das 0—1-Problem anwenden und setzen nicht die Kenntnis der Lösung der zugeordneten linearen Optimierungsaufgabe ohne Ganzzahligkeitsforderungen voraus. Die Verfahren sind unempfindlich gegenüber Rundungsfehlern, da sie nur auf Additions- und Subtraktionsoperationen aufbauen. Die Algorithmen von BALAS fanden große Beachtung und regten zur Angabe zahlreicher Modifikationen an. Zu erwähnen ist insbesondere auch die Ausdehnung der Filtermethode auf gemischte 0—1-Probleme.

Über gute numerische Erfahrungen bei der Kopplung des GOMORY-Verfahrens mit einem Branch-and-Bound-Algorithmus berichten HOFSTEDT und THÄMELT [22].

Die Ausdehnung der Branch-and-Bound-Methodik auf die Lösung gemischt-ganzzahliger konvexer Optimierungsaufgaben gelang BURKARD [7] im Jahre 1969.

7.9. *Allgemeine Beurteilung der Entscheidungsbaumverfahren*

Es ist nicht leicht, die Effektivität der Entscheidungsbaumverfahren allgemein einzuschätzen. Wie bei den Schnittebenenverfahren fehlen theoretische Effektivitäts-

betrachtungen. Und auch bei den numerischen Rechenexperimenten wurde meist nur ein Verfahren getestet, so
daß keine umfangreichen Vergleichsrechnungen vorliegen.
Teilweise sind die in der Literatur mitgeteilten Ergebnisse sogar widersprüchlich. Jedoch scheinen die folgenden
Aussagen eine gewisse Allgemeingültigkeit zu besitzen
(siehe etwa [16, 28, 39, 43, 54]), bei denen wir uns hauptsächlich auf die Branch-and-Bound-Verfahren beziehen
und gleichzeitig einen Vergleich mit den Schnittebenenverfahren anstreben:

1. Die Entscheidungsbaumverfahren sind als besonders
   leistungsfähig anzusehen, wenn nur für wenige Variablen die Ganzzahligkeitsforderung erhoben wird. Die
   bei den Schnittebenenverfahren so wesentliche Unterscheidung zwischen ganzzahligen und gemischt-ganzzahligen Aufgaben verliert bei den Entscheidungsbaumverfahren an Bedeutung.

2. Die Entscheidungsbaumverfahren können sich der
   Spezifik von 0—1-Problemen ausgezeichnet anpassen.
   Sie erreichen bei der Lösung von 0—1-Problemen häu-
   fig eine hervorragende Leistungsfähigkeit.

3. Die Entscheidungsbaumverfahren erweisen sich gegenüber der Beeinflussung durch Rundungsfehler als un-
   empfindlicher. Das schließt jedoch nicht aus, daß auch
   diese Verfahren infolge numerischer Instabilität wir-
   kungslos werden (vgl. 2.2 und 6.6). Eine Ausnahmestel-
   lung nehmen in dieser Hinsicht die Algorithmen von
   BALAS ein, die mit Additions-, Subtraktions- und Ver-
   gleichsoperationen auskommen.

4. Die Entscheidungsbaumverfahren haben gegenüber
   den Schnittebenenverfahren im allgemeinen den Nachteil, daß sie mit einem größeren Rechenaufwand verbunden sind.

5. Bei ganzzahligen Optimierungsaufgaben scheinen sowohl die Entscheidungsbaumverfahren als auch die
   Schnittebenenverfahren einen geringeren Rechenaufwand zu erfordern, wenn der ganzzahlige Optimal-

punkt in der Nähe des nicht-ganzzahligen Optimalpunktes liegt.

6. Die Entscheidungsbaumverfahren besitzen im allgemeinen eine einfachere Arithmetik, aber eine kompliziertere Logik als die Schnittebenenverfahren.

7. Nicht zu übersehen ist der erhebliche Speicheraufwand, der im allgemeinen den Entscheidungsbaumverfahren anhaftet. Denn zu jedem inaktiv gebliebenen Knoten muß man wenigstens seine Lage im Baum und den zugehörigen Bound speichern. Die Rechenerfahrung lehrt, daß der Speicherbedarf exponentiell mit dem Umfang des Problems wächst. Bei großen Problemen ist die Kapazität des Kernspeichers schneell ausgeschöpft. Die Verwendung von Externspeichern verlängert erheblich die Rechenzeit, und man wird bald an die Grenze des vertretbaren Rechenaufwandes geführt.

Für die theoretische Untersuchung von Entscheidungsbaumverfahren ist es nicht unerheblich zu bemerken, daß die Endlichkeit der meisten Verfahren keines Beweises bedarf. Eine Ausnahme bildet in dieser Hinsicht lediglich der additive Algorithmus von BALAS.

Diese allgemeinen Bemerkungen zeigen, daß es unmöglich ist, eine klare Entscheidung zwischen den Verfahren der beiden Gruppen zu treffen. Wie fast immer in der numerischen Mathematik, werden Vorteile auf der einen Seite durch Nachteile auf der anderen Seite erzielt.

Auch die Entscheidungsbaumverfahren zeigen, ähnlich wie die Schnittebenenverfahren, ein gänzlich unkontrollierbares Verhalten. Aufgaben gleicher Struktur werden in völlig unterschiedlichen Zeiten gelöst. Daher ist es unmöglich, allgemeine Erfahrungswerte über die Rechenzeit und den Speicherbedarf mitzuteilen. Etwas scheinen die numerischen Experimente aber zu bestätigen: Die Entscheidungsbaumverfahren liefern häufig sehr rasch eine brauchbare zulässige Lösung (oder sogar optimale Lösung) der diskreten Optimierungsaufgabe, es dauert aber unverhältnismäßig lange, um diese zulässige Lösung noch geringfügig zu verbessern oder die Optimalität nachzu-

9*

weisen. Wenn man sich also mit einer zulässigen Lösung
begnügt, kann man häufig das Verfahren vorzeitig abbrechen.

Wir wollen die allgemeine Beurteilung der Entscheidungsbaumverfahren mit einer Empfehlung für ihre Verwendbarkeit zur Lösung linearer Optimierungsaufgaben
mit Ganzzahligkeitsforderungen abschließen. Mit der
gebotenen Vorsicht können wir sagen:

1. Die Anwendung der Entscheidungsbaumverfahren
   wird meist auf Probleme beschränkt bleiben, bei denen
   die Zahl der Variablen mit Ganzzahligkeitsforderungen
   nicht größer als 40 bis 50 ist.

2. Entscheidungsbaumverfahren lassen sich besonders
   erfolgreich bei der Lösung von $0-1$-Problemen verwenden. Teilweise können noch Aufgabeu mit über
   100 BOOLEschen Variablen erfolgreich gelöst werden.

3. Die Entscheidungsbaumverfahren sind meist bei der
   Lösung gemischt-ganzzahliger Aufgaben erfolgreicher
   als bei der Lösung ganzzahliger Aufgaben.

Damit können wir auch für die Entscheidungsbaumverfahren die Feststellung treffen, daß sie noch nicht in
der Lage sind, den praktischen Bedürfnissen nach Lösungsverfahren für diskrete Modelle im vollen Umfange
zu entsprechen. Auf die Anwendung von Entscheidungsbaumverfahren zur Lösung spezieller diskreter Modellstrukturen werden wir noch im letzten Kapitel kurz zu
sprechen kommen.

8.   Heuristische Verfahren

8.1. *Vorbereitende Betrachtungen*

Die Entwicklung heuristischer Methoden hat in den
letzten Jahren stark zugenommen, da die numerische
Durchführung der bisher besprochenen Verfahren der
diskreten Optimierung bisweilen außerordentlich schwie-

rig oder unmöglich ist. Zwar liefern heuristische Verfahren meist nur eine sogenannte *suboptimale Lösung*. Aber durch die Fehlerhaftigkeit, mit der häufig Ausgangsdaten behaftet sind, wird auch die Aussagefähigkeit exakter Lösungen entwertet. So kann die Kenntnis einer suboptimalen Lösung wertvoller sein als der Lösungsversuch mit einem exakten Verfahren, das zu einem unvertretbaren Rechenaufwand führt oder überhaupt keine Erfolgsgewißheit besitzt. Heuristische Methoden verwenden hinreichend motivierbare Zugänge, die im hohen Maße die Spezifik des Problems ausnutzen und meist in ihrer numerischen Realisierung sehr einfach sind. Derartige Zugänge sind aber bei einigen diskreten Modellstrukturen leicht zu finden, so daß den heuristischen Verfahren unter den Methoden der diskreten Optimierung heute eine zunehmende Bedeutung beigemessen wird.

Für die Verwendung von heuristischen Verfahren pflegt man folgende allgemeine Empfehlungen zu geben:

1. Man sollte an die Anwendung von Schnittebenenverfahren und Entscheidungsbaumverfahren denken, wenn die Kenntnis der Optimallösung besonders wichtig ist, der Rechenaufwand in vertretbaren Grenzen liegt und die heuristischen Verfahren wesentlich schlechtere Ergebnisse erwarten lassen.
2. Man sollte die heuristischen Verfahren bevorzugen, wenn mit ihnen erfahrungsgemäß eine ausreichende Annäherung an die Optimallösung erreicht wird und der Rechenaufwand der exakten Verfahren sehr groß ist.

Inwieweit man sich diesen Empfehlungen praktisch anpassen kann und will, bleibt natürlich der Entscheidung im Einzelfall überlassen. Auch eine Kombination von heuristischen und exakten Verfahren wird vielfach erst zu einer geeigneten Lösungsmethodik führen.

Da auf Grund des Herangehens heuristische Verfahren sehr stark auf spezielle Modellstrukturen zugeschnitten sind, ist auch eine allgemeine Einschätzung ihrer Leistungsfähigkeit nicht möglich. Wir werden darauf erst

im nächsten Kapitel etwas näher zu sprechen kommen.
In jedem Falle muß aber ein heuristisches Verfahren vor
dem praktischen Einsatz sorgfältig getestet werden. Das
geschieht mit Hilfe von Testdaten durch Simulation.

8.2. *Einteilung der heuristischen Verfahren*

In der Literatur zur diskreten Optimierung bezeichnet
man die heuristischen Verfahren auch häufig als *Nähe-rungsverfahren*, da die suboptimalen Lösungen im allgemeinen nur Näherungen für die Optimallösungen sind.
Die Näherungsmethoden der diskreten Optimierung
werden in zwei voneinander wesentlich zu unterscheidende
Gruppen eingeteilt:
1. Stochastische Suchverfahren,
2. heuristische deterministische Lösungsverfahren.
Der Lösungsweg ist bei den Verfahren der beiden Gruppen
grundsätzlich verschieden. Die stochastischen Suchverfahren verwenden, wie schon ihr Name besagt, die Idee
des stochastischen Suchens. Dagegen wird bei den Verfahren der zweiten Gruppe ein rein deterministisches
Herangehen angewandt.
Zweifellos kommt den heuristischen deterministischen
Lösungsverfahren in der diskreten Optimierung die weit-
aus größere Bedeutung zu. In der Literatur werden mit
gewissem Recht auch vielfach ausschließlich die Methoden
dieser Gruppe als heuristische Verfahren bezeichnet.
Man unterteilt die heuristischen deterministischen Lösungsverfahren weiter in
1. Eröffnungsverfahren,
2. suboptimierende Iterationsverfahren.
Mit den Eröffnungsverfahren wird eine Ausgangslösung
berechnet. Sie bilden die heuristischen Verfahren im eng-
sten Sinne des Wortes. Die suboptimierenden Iterationsverfahren werden zur schrittweisen Verbesserung einer
bekannten Ausgangslösung eingesetzt. Die Anwendung
heuristischer deterministischer Lösungsverfahren erfolgt

daher in Kombination von geeigneten Eröffnungsverfahren und suboptimierenden Iterationsverfahren.

Das Zusammenspiel zwischen Eröffnungsverfahren und suboptimierenden Iterationsverfahren kann unterschiedlich organisiert werden. Da die meisten Eröffnungsverfahren nur einen geringen Rechenaufwand erfordern, lohnt sich häufig der Einsatz mehrerer Verfahren. Außerdem kann fast jedes Eröffnungsverfahren selbst von verschiedenen Ausgangspunkten starten, so daß man sich zunächst mehrere Ausgangslösungen verschaffen kann. Die iterative Verbesserung knüpft an die günstigsten Ausgangslösungen an. Auch der Einsatz mehrerer suboptimierender Iterationsverfahren ist empfehlenswert, da jedes Verfahren zu seinem *verfahrensindividuellen Suboptimum* führt. Vielfach verbessert man ein berechnetes Suboptimum durch ein anderes Iterationsverfahren.

Es sei bemerkt, daß es bei gewissen Problemen auch sinnvoll sein kann, sich auf die Verwendung von Eröffnungsverfahren zu beschränken. Dafür gibt es eine Reihe ersichtlicher Gründe:
1. Der Rechenaufwand der suboptimierenden Iterationsverfahren übersteigt eine vertretbare Grenze.
2. Die mit den Eröffnungsverfahren erzielten Näherungslösungen sind erfahrungsgemäß so gut, daß die suboptimierenden Iterationsverfahren keine wesentliche Verbesserung bringen.
3. Die Eröffnungsverfahren lassen sich häufig auch operativ einsetzen.
4. Die Eröffnungsverfahren dienen als Vorstufe für die Anwendung eines exakten Optimierungsverfahrens.

8.3. *Stochastische Suchverfahren*

Die Anwendung der Idee des stochastischen Suchens erfolgt in zwei Richtungen:
1. Vollständige Lösung des Problems mittels stochastischer Suchverfahren.

2. Berechnung einer Ausgangslösung durch stochastisches
   Suchen und nachfolgende lokale Optimierung.

Der erste Weg wurde von PJATECKIĬ-ŠAPIRO, VOLKON-
SKIĬ, LEVINA und POMANSKIĬ bei der Lösung linearer
0—1-Probleme entwickelt (beachte [28]). Das Vorgehen
kann als eine zufällige Irrfahrt interpretiert werden, die
einer gewissen MARKOVschen Kette entspricht. Jedoch
beschränken sich bis heute die vorliegenden numerischen
Experimente auf einige Testbeispiele.

Praktisch interessanter sind gegenwärtig die stochastischen Suchverfahren, die eine Ausgangslösung durch
zufällige Auswahl erzeugen und in einer gewissen Umgebung dieser Lösung das lokale Optimum der Zielfunktion
bestimmen. Diese einfache Idee des stochastischen Suchens geht auf REITER und SHERMAN [46] zurück. Die
Umgebung wird so konstruiert, daß sie wenige Punkte
enthält und das lokale Optimum durch Enumeration
bestimmt werden kann. Dieses Vorgehen wird oftmals
wiederholt und unter den berechneten lokalen Optima das
beste ausgewählt.

Die Idee der stochastischen Suche einer Ausgangslösung
mit nachfolgender lokaler Optimierung ist sehr allgemein
und faktisch auf beliebige Optimierungsprobleme anwendbar. Bei ihrer praktischen Umsetzung muß sie natürlich für die spezielle Modellstruktur konkretisiert werden.
Die heute vorliegenden numerischen Erfahrungen beschränken sich wohl auf das Rundfahrtproblem (vgl. auch
[28]). Sie besagen, daß der Lösungsmethodik der stochastischen Suche durchaus Perspektiven eingeräumt werden können.

8.4. Eröffnungsverfahren

Es gibt heute bereits eine sehr große Zahl heuristischer
deterministischer Vorgehen, die hauptsächlich für Rundfahrtprobleme, Lokalisationsprobleme, Maschinenbelegungsprobleme und Fixkostenprobleme beschrieben wur-

den. In der ganzzahligen Optimierung ist ein Versuch zur Anwendung heuristischer Verfahren von KREUZBERGER [31] unternommen worden. Es kann nicht unser Anliegen sein, alle diese heuristischen Verfahren anzuführen und zu bewerten. Wir wollen uns vielmehr darauf beschränken, am Beispiel des Rundfahrtproblems das charakteristische Vorgehen eines einfachen Eröffnungsverfahrens und eines suboptimierenden Iterationsverfahrens zu verdeutlichen.

Beispiel: Wir betrachten ein Rundfahrtproblem (vgl. 4.5) mit sechs Orten $P_1, P_2, \ldots, P_6$. Die Entfernungen d_{ij} zwischen den Orten sind in Tab. 3 angeführt. Gesucht ist die Rundreise mit der geringsten Länge.

Tabelle 3

nach von	Entfernung					
	P_1	P_2	P_3	P_4	P_5	P_6
P_1		10	2	12	8	15
P_2	10		12	6	20	10
P_3	2	12		4	8	12
P_4	12	6	4		15	10
P_5	8	20	8	15		20
P_6	15	10	12	10	20	

Die Berechnung einer Ausgangslösung soll mittels des sehr einfachen *Verfahrens des besten Nachfolgers* erfolgen. Wir gehen von einem Ort, etwa P_1, aus und suchen den Nachfolgeort, der P_1 am nächsten liegt, also P_3. Der günstigste Nachfolger für P_3 ist (außer P_1) der Ort P_4. Zu P_4 liegt wiederum (außer P_1 und P_3) P_2 am nächsten. Für P_2 ergibt sich durch die gleichen Erwägungen P_6 als Nachfolger, und in P_6 haben wir keine andere Wahl, als nach P_5 zu gehen. Von P_5 kehren wir wieder zum Ausgangsort

P_1 zurück. Das Verfahren des besten Nachfolgers hat uns damit die Rundfahrt

$$P_1 \to P_3 \to P_4 \to P_2 \to P_6 \to P_5 \to P_1 \qquad (60)$$

geliefert, deren Gesamtlänge gleich 50 ist.

Das gleiche Vorgehen können wir beschreiten, wenn wir in den anderen Orten beginnen. Wir erhalten:

$$P_2 \to P_4 \to P_3 \to P_1 \to P_5 \to P_6 \to P_2; \text{ Länge: } 50 \quad (61)$$

$$P_3 \to P_1 \to P_5 \to P_4 \to P_2 \to P_6 \to P_3; \text{ Länge: } 53 \quad (62)$$

$$P_4 \to P_3 \to P_1 \to P_5 \to P_2 \to P_6 \to P_4; \text{ Länge: } 54 \quad (63)$$

$$P_5 \to P_1 \to P_3 \to P_4 \to P_2 \to P_6 \to P_5; \text{ Länge: } 50 \quad (64)$$

$$P_6 \to P_2 \to P_4 \to P_3 \to P_1 \to P_5 \to P_6; \text{ Länge: } 50. \quad (65)$$

Jede dieser Rundfahrten können wir auf den Ausgangsort P_1 umschreiben, ohne daß sich an der Gesamtlänge etwas ändert. So haben wir durch dasselbe Eröffnungsverfahren wegen der unterschiedlichen Wahl des Startpunktes verschiedene Rundfahrten ermittelt. Offenbar sind die Rundfahrten (60), (64) und (61), (65) gleich.

Das Verfahren des besten Nachfolgers führt meist zu relativ schlechten Ergebnissen (vgl. [38]). Das ist verständlich, da am Anfang die Zahl der möglichen Nachfolger groß ist, im Laufe des Verfahrens aber die Zahl der noch nicht verplanten Orte ständig abnimmt. Während man also am Anfang günstige Auswahlmöglichkeiten hat, müssen am Ende oft besonders ungünstige Verbindungen aufgenommen werden.

Leistungsfähigere Eröffnungsverfahren für das Rundfahrtproblem sind z.B. in [38] beschrieben.

8.5. *Suboptimierende Iterationsverfahren*

Die suboptimierenden Iterationsverfahren enthalten bestimmte Regeln, wie man von einer zulässigen Lösung zu einer besseren Lösung gelangen kann. Ist eine weitere Verbesserung auf Grund dieser Regeln nicht möglich, bricht das Verfahren ab, ohne daß im allgemeinen eine Aussage darüber gemacht werden kann, ob die gesuchte Optimallösung erreicht ist.

Wir wollen das Vorgehen der suboptimierenden Iterationsverfahren am Gedanken einer *Dreigruppenpermutation* vgl. [39]) für das Rundfahrtproblem verdeutlichen.

Beispiel: Wir betrachten die in 8.4 formulierte Aufgabe und wählen die Rundfahrt (60) als Ausgangslösung. Diese Rundfahrt

$$P_1 \to P_3 \to P_4 \to P_2 \to P_6 \to P_5 \to P_1$$

kann willkürlich in eine Dreiergruppe $P_5 \to P_1 \to P_3$, in die Einergruppe P_4 und die Zweiergruppe $P_2 \to P_6$ zerlegt werden. Dann setzt man sie wieder zusammen, indem die dritte Gruppe zwischen die erste und zweite Gruppe tritt

$$P_5 \to P_1 \to P_3 \to P_2 \to P_6 \to P_4.$$

Daraus erhalten wir die Rundfahrt

$$P_1 \to P_3 \to P_2 \to P_6 \to P_4 \to P_5 \to P_1.$$

Dieses einfache Beispiel zeigt, welche vielfältigen Möglichkeiten sich zur Angabe von Regeln für die Konstruktion neuer Rundfahrten ergeben. Nicht jede neue Rundfahrt führt automatisch zu einer Verkürzung der Gesamtlänge. Daher wird man die Konstruktion neuer Rundfahrten nicht willkürlich vornehmen, sondern von Verbindungen ausgehen, die in der Ausgangslösung sehr ungünstig zu sein scheinen. Wir wollen auf eine genauere Ausführung dieses Gedankens verzichten. Leistungsfähige suboptimierende Iterationsverfahren für das Rundfahrtproblem sind z.B. in [38] dargestellt.

9. Lösung spezieller diskreter Modellstrukturen

Bei der Beschreibung von Lösungsmethodiken der diskreten Optimierung haben wir versucht, die Aussagen weitgehend unabhängig von einer speziellen Modellstruktur zu machen. Es war uns aber klar, daß sich diese Methodiken zum Teil für spezielle Strukturen konkretisieren lassen und so zu einer differenzierten Beurteilung der Lösungsmöglichkeiten führen. Daher sollen jetzt die in den Kapiteln 4 und 5 besprochenen Modellstrukturen den Ausgangspunkt unserer nachfolgenden Betrachtungen bilden.

9.1. *Aufgaben mit Ganzzahligkeitsforderungen*

Zur Lösung von Aufgaben mit Ganzzahligkeitsforderungen stehen uns im wesentlichen die Schnittebenenverfahren und die Entscheidungsbaumverfahren zur Verfügung. Ihre Leistungsfähigkeit wurde bereits in den Kapiteln 6 und 7 eingeschätzt. Aus den Darlegungen dieser Kapitel folgt, daß lineare Optimierungsaufgaben mit Ganzzahligkeitsforderungen, falls sie von mittlerer Dimension sind, zu den erfahrungsgemäß lösbaren Problemen gezählt werden können. Übersteigt aber die Optimierungsaufgabe diese Größenordnung, müssen wir sie als unlösbar ansehen, falls nicht irgendwelche Besonderheiten eine Vergrößerung der Lösungschancen möglich erscheinen lassen. Damit ergeben sich erhebliche Einschränkungen hinsichtlich der Größenordnung der lösbaren Probleme. Während man lineare Optimierungsaufgaben mit 100 Nebenbedingungen und 1 000 Variablen heute zu den rasch lösbaren Problemen zählt, ist eine solche Größenordnung bei Aufgaben mit Ganzzahligkeitsforderungen nicht vorstellbar.

Betrachten wir z.B. das in 4.2 vorgestellte *Investitionsmodell* der optimalen Kapazitätserweiterung unter dem Gesichtswinkel seiner konkreten Lösungsmöglichkeiten! Die Ganzzahligkeitsforderungen beziehen sich nur auf die zu erweiternden Fertigungsanlagen, deren Zahl bei praktischen Aufgaben kaum größer sein dürfte als die Zahl der numerisch zulässigen ganzzahligen Variablen. Da das Modell eine gemischt-ganzzahlige lineare Optimierungsaufgabe ist und die ganzzahligen Variablen

x_{n+j} (beachte 4.2) wegen

$$x_{n+j} \leqq m_j, \; j = 1, 2, \ldots, m \tag{66}$$

meist nur kleiner Werte fähig sein werden (m_j bezeichnet die maximale Zahl der möglichen Sprünge für eine Fertigungsanlage), bietet sich die Anwendung des Verfahrens von DRIEBEEK (siehe 7.8 und die allgemeine Beurteilung in 7.9) an. Natürlich ist Voraussetzung, daß dieses Lösungsverfahren in die Software der zur Verfügung stehenden Rechenanlage eingegangen ist. Nicht völlig dürfen wir aus unseren Betrachtungen die Zahl der Nebenbedingungen ausklammern. Man beachte aber, daß die im Modell enthaltenen Nebenbedingungen (66) nicht als Erhöhung der Zahl der Restriktionen gewertet zu werden brauchen, da es spezielle Algorithmen der linearen Optimierung gibt, die obere Schranken für die Variablen in einfachster Weise berücksichtigen können (siehe etwa [15]). So läßt auch die Anzahl der Nebenbedingungen keine numerischen Komplikationen erwarten.

9.2. *Fixkostenprobleme*

Anders als in 9.1 fällt die Beurteilung der Lösungsmöglichkeiten von Fixkostenproblemen aus. Das Fixkostenproblem von 5.1 mit unstetiger Zielfunktion und m linearen Restriktionen für n Variable wurde in eine gemischt-ganzzahlige lineare Optimierungsaufgabe (34)—(37) mit $n + m$ Nebenbedingungen und $2n$ Variablen überführt. Damit muß die Dimension der Matrix der Nebenbedingungen A von (34) schon klein sein, wenn die gemischt-ganzzahlige Aufgabe (34)—(37) noch zu den lösbaren Problemen gezählt werden soll. Von den $2n$ Variablen $x_1, x_2, \ldots, x_n, y_1, y_2, \ldots, y_n$ sind n BOOLEsche Variable $y_1, y_2, \ldots, y_n$, während die $x_1, x_2, \ldots, x_n$ keiner Ganzzahligkeitsforderung unterliegen. Hinsichtlich der Lösungsmethoden kommen neben den allgemeinen Verfahren der gemischt-ganzzahligen Optimierung nur solche Verfahren

der 0—1-Optimierung in Frage, bei denen nicht sämtliche
Variablen der 0—1-Bedingung genügen müssen. Als einen
derartigen Algorithmus haben wir vornehmlich eine Modifikation der Filtermethode von BALAS (vgl. 7.8) kennengelernt.

Es sollte bemerkt werden, daß sich der Umfang der zum
Fixkostenproblem äquivalenten gemischt-ganzzahligen
Optimierungsaufgabe reduziert, falls für einige Variablen
keine Fixkosten vorgegeben sind. Gleichzeitig verbessern
sich dadurch zwangsläufig die Lösungschancen.

Diese allgemeine Lösungssituation hat zur Suche nach
speziellen, insbesondere heuristischen Verfahren für
wichtige Typen von Fixkostenproblemen geführt. Erwähnt sei hier insbesondere das heuristische deterministische Verfahren von BALINSKI [3] für Transportprobleme mit Fixkosten. In [28] werden auch Erweiterungen
dieser Methode auf Verteilungsprobleme mit Fixkosten
und allgemeine Optimierungsprobleme mit Fixkosten in
der Zielfunktion besprochen. Aber eine aussagefähige maschinelle Erprobung haben diese speziellen Methoden
wohl noch nicht erfahren.

9.3. *Aufgaben mit trennbarer Zielfunktion*

In numerischer Hinsicht kommt der Lösung von Optimierungsaufgaben mit trennbarer Zielfunktion durch
Methoden der diskreten Optimierung nur eine sehr eingeschränkte praktische Bedeutung zu. Haben wir doch gesehen, welche gewaltige Vergrößerung der Zahl der Variablen und Nebenbedingungen sich durch das Vorgehen von
5.2 ergibt. Berücksichtigen wir weiterhin unsere recht
begrenzten Lösungsmöglichkeiten, wird das gemischt-ganzzahlige Ersatzproblem meist nicht zu den lösbaren
Aufgaben gezählt werden können. Wir wollen uns das
etwas veranschaulichen. Die linearen Restriktionen (39)
mögen aus $m = 10$ Nebenbedingungen für $n = 20$ Variable bestehen. Jede der 20 Funktionen $f_j(x_j)$ werde einer

linearen Approximation mit $k_j = 3$ unterworfen. Dann hat das gemischt-ganzzahlige Ersatzproblem 110 Nebenbedingungen und 120 Variable, unter denen 60 BOOLEsche Variable sind. Nur noch die Verwendung von Verfahren der 0—1-Optimierung läßt die Hoffnung auf Lösbarkeit eines derartigen Ersatzproblems zu. Wir erkennen auch, wie sich durch Verbesserung der Approximation der Funktionen $f_j(x_j)$ (Vergrößerung von k_j) der Umfang des Ersatzproblems erweitert. Andererseits muß aber auch bemerkt werden, daß auf einen Ersatz einer Variablen x_j durch k_j neue Variable entsprechend (40) verzichtet werden kann, wenn die zugehörige Funktion $f_j(x_j)$ linear ist.

9.4. Lokalisationsprobleme

Das Lokalisationsproblem haben wir in 4.4 durch eine nichtlineare ganzzahlige Optimierungsaufgabe dargestellt. Unter den Lösungsmethoden scheiden zwangsläufig alle Verfahren aus, die von einer linearen Optimierungsaufgabe mit Ganzzahligkeitsforderungen ausgehen. Praktisch kommen damit unter den exakten Methoden nur noch Entscheidungsbaumverfahren in Frage. Da das Problem $n!$ verschiedene zulässige Lösungen besitzt, ist die Methode der vollständigen Enumeration höchstens noch bis $n = 5$ vertretbar. Die dynamische Optimierung ist faktisch einer Vollenumeration gleichwertig. Die durch die Methodik Branch-and-Bound oder durch die begrenzte Enumeration erzielbaren Rechenvorteile sind so gering, daß sie für Probleme mit $n > 10$ kaum noch brauchbar sind (vgl. [38]). Daher hat man beim Lokalisationsproblem faktisch keine andere Wahl, als heuristische Verfahren anzuwenden. Die zur Lösung des Lokalisationsproblems entwickelten heuristischen Verfahren sind Eröffnungsverfahren und vor allem suboptimierende Iterationsverfahren. Einen Überblick über die heuristischen Verfahren zur Lösung des Lokalisationsproblems geben [8, 21, 38].

9.5. *Rundfahrtprobleme*

Lösungsverfahren für das Rundfahrtproblem sind in der Literatur in einer außerordentlich großen Zahl von Arbeiten angegeben worden. Das ist sowohl in der großen praktischen Bedeutung als auch in der mathematisch reizvollen Aufgabe begründet, Algorithmen für das Rundfahrtproblem zu entwickeln.

Da es bei einem Rundfahrtproblem mit n Orten $(n-1)!$ mögliche Rundfahrten gibt, ist die *vollständige Enumeration* nur für kleine n anwendbar. Jedoch gibt es wesentlich leistungsfähigere Verfahren, so daß die vollständige Enumeration völlig ausgeklammert werden kann.

Es sind auch einige Versuche unternommen worden (siehe [12, 37]), die *Lösungsverfahren der ganzzahligen Optimierung* auf das Rundfahrtproblem anzuwenden. In 4.5 haben wir ja das Rundfahrtproblem durch eine lineare $0-1$-Aufgabe beschrieben. Aber bereits für $n = 10$ haben wir es mit 85 Nebenbedingungen für 1000 BOOLEsche Variable zu tun. Das übersteigt weit unsere numerischen Möglichkeiten. Nur die Ausnutzung weiterer Eigenschaften des Rundfahrtproblems konnte überhaupt diesen Lösungsweg als sinnvoll erscheinen lassen. Aber ein brauchbares Verfahren hat sich dadurch nicht ergeben.

Auch die *Methodik der dynamischen Optimierung* ist von verschiedenen Autoren zur Lösung des Rundfahrtproblems herangezogen worden. Aber selbst auf Großrechenanlagen lassen sich nur Aufgaben bis zu 13 Orten lösen (vgl. [38]).

Sehr wirkungsvoll konnte die *Methodik Branch-and-Bound* auf das Rundfahrtproblem angewandt werden. Es gelang LITTLE, MURTY, SWEENEY und KAREL [34] in ausgezeichneter Weise, die Spezifik des Problems auszunutzen. Für diesen Algorithmus liegen umfangreiche numerische Erfahrungen vor (vgl. [28, 34, 38]). Vielfach wird er als wirkungsvollste Lösungsmethode für Aufgaben bis zu etwa 40 Orten angesehen. LITTLE u.a. lösten Aufgaben mit unsymmetrischer Entfernungsmatrix und

30 Orten auf einem Rechenautomaten IBM 7090 in ungefähr einer Minute. Mit Vergrößerung der Zahl der Orte wuchs die Rechenzeit relativ schnell an. Probleme mit symmetrischer Entfernungsmatrix benötigten im allgemeinen eine bedeutend längere Rechenzeit.

Einen auf EASTMAN zurückgehenden Branch-and-Bound-Algorithmus beschreibt BURKARD [7]. Er empfiehlt das Vorgehen für eine Rechnung per Hand. Einen Vergleich zwischen der Methode von EASTMAN und dem Verfahren von LITTLE u. a. findet man in [54].

Gute numerische Erfahrungen hat MÜLLER-MERBACH [38] mit verschiedenen Algorithmen gemacht, die auf der *Methodik der begrenzten Enumeration* beruhen. Allerdings setzt dieses Vorgehen die Vorschaltung von heuristischen Eröffnungsverfahren zur Gewinnung einer Enumerationsgrenze voraus. Mit vertretbarem Rechenaufwand konnten Rundfahrtprobleme bis zur Größe von 20 bis 80 Orten gelöst werden.

Hervorzuheben ist, daß MÜLLER-MERBACH [38] einen starken Einfluß der *Problemstruktur* des Rundfahrtproblems auf den numerischen Lösungsprozeß nachweist. Er bezieht sich nicht nur auf die Verfahren der begrenzten Enumeration sondern auch auf die heuristischen deterministischen Lösungsmethoden. MÜLLER-MERBACH erklärt verschiedene Problemgruppen, für die sehr unterschiedliche Lösungsaussagen gewonnen werden.

Erste numerische Erfahrungen bei der Anwendung des *Erweiterungsprinzips* sind in [47] mitgeteilt worden. Da sämtliche kurzzyklenfreien Optimallösungen erzeugt werden müssen, scheint es einen relativ hohen Rechenaufwand zu erfordern.

Mit *stochastischen Suchverfahren* wurden Rundfahrtprobleme bis zu 57 Orten getestet (siehe [28]). Die mitgeteilten Rechenexperimente schließen die stochastischen Suchverfahren als mögliche Lösungswege für Rundfahrtprobleme mittlerer Größenordnung nicht aus.

Übersteigt das Rundfahrtproblem eine Größenordnung,

die mit vertretbarem Aufwand durch eines der bisher in Erwägung gezogenen Verfahren gelöst werden kann, bleibt nur die Anwendung *heuristischer deterministischer Verfahren* übrig. Mit ihnen lassen sich recht umfangreiche Rundfahrtprobleme in angemessener Rechenzeit lösen. Jedoch werden zwangsläufig im allgemeinen nur suboptimale Lösungen ermittelt. Es gibt eine große Zahl von Eröffnungsverfahren für das Rundfahrtproblem (siehe [38]), die meist wenig Rechenaufwand erfordern. Jedoch ist die Güte der erhaltenen Ausgangslösung stark von den Verfahren, den verwendeten Ausgangsorten oder Ausgangszyklen und der Problemstruktur abhängig. Bei den von MÜLLER-MERBACH [38] mit einer Rechenanlage IBM 7040 getesteten Eröffnungsverfahren lagen die Rechenzeiten bei einer Problemgröße bis zu 100 Orten und mehrfacher Anwendung in der maximalen Größenordnung von einer Minute. Auch die von MÜLLER-MERBACH getesteten suboptimierenden Iterationsverfahren führten bei der erwähnten Problemgröße zu vertretbaren Rechenzeiten. MÜLLER-MERBACH vermutet jedoch, daß bei gewisser Problemstruktur die suboptimale Lösung recht weit von der gesuchten Optimallösung entfernt liegt.

Die umfassendste und tiefgehendste Darstellung numerischer Erfahrungen zur Lösung des Rundfahrtproblems dürfte in [38] enthalten sein.

Wir bemerken, daß bei Rundfahrtproblemen mit sehr vielen Orten (etwa 80 Orten) geprüft werden sollte, ob sich nicht durch die Zusammenfassung von Ortsgruppen die Probleme verkleinern lassen.

9.6. *Reihenfolgeprobleme*

Abgesehen von besonders einfach strukturierten Fällen ist es bisher nicht gelungen, Methoden zur exakten Berechnung optimaler Maschinenbelegungspläne zu entwickeln. Die Zahl der zulässigen Lösungen ist meist so groß (beachte auch 4.6), daß nicht einmal suboptimierende Iterationsverfahren Anwendung finden können. Dann wird man sich darauf beschränken müssen, mit Eröffnungsverfahren zu arbeiten.

Die Literatur zur Maschinenbelegungsplanung ist reich an Arbeiten, die sich mit Modellen für spezielle Problemstellungen oder mit Lösungsverfahren beschäftigen. So werden z. B. Modelle in der Form linearer ganzzahliger Optimierungsaufgaben aufgestellt. Aber schon für kleine Probleme erreichen sie eine solche Größenordnung, daß es kein praktisches Verfahren zu ihrer Lösung gibt (siehe etwa [40]).

Zu den exakten Lösungsmethoden für das Maschinenbelegungsproblem gehört das *Verfahren von* JOHNSON [23], das wir schon in 7.6 erwähnten. Seine Anwendung ist auf den Fall von zwei Maschinen und n Aufträgen beschränkt. Zusätzlich müssen alle Aufträge die beiden Maschinen in derselben technologischen Reihenfolge durchlaufen. Bestimmt wird das Minimum der gesamten Bearbeitungszeit. Das Verfahren von JOHNSON ist so einfach, daß praktisch Probleme mit beliebig vielen Aufträgen gelöst werden können. Nur stößt eine Erweiterung des Verfahrens auf den Fall von drei und mehr Maschinen auf erhebliche Schwierigkeiten. Maschinenbelegungspläne mit drei Maschinen lassen sich in einigen Fällen noch auf ein Problem mit zwei Maschinen zurückführen.

Für Maschinenbelegungsprobleme mit n Aufträgen und m Maschinen hat BANK [5] *Branch-and-Bound-Algorithmen* unter der Zielstellung der Minimierung der gesamten Bearbeitungs- oder Stillstandszeit angegeben. Neben gleicher technologischer und organisatorischer Reihenfolge wird zusätzlich vorausgesetzt, daß eine Zwischenlagerung der Aufträge nach erfolgter Bearbeitung unzulässig ist.

Aber auch andere Entscheidungsbaumtechniken sind zur Lösung von Maschinenbelegungsplänen herangezogen worden. Einen recht weitreichenden Überblick findet man in [38]. Von MÜLLER-MERBACH [38] wurde das *Verfahren der begrenzten Enumeration* ausführlich diskutiert. Dabei beschränkt er sich, wie fast alle Arbeiten, die exakte Lösungsverfahren heranziehen, auf das klassische Maschinenbelegungsproblem (vgl. 4.6). Die für die begrenzte Enumeration praktisch benötigte Ausgangslösung zur Gewinnung einer ersten Enumerationsgrenze wird durch heuristische Verfahren erzeugt. Getestet wurden mit einer Rechenanlage IBM 7040 Probleme mit bis zu sechs Maschinen und zehn Aufträgen, deren Lösung in maximal 30 Minuten ermittelt werden konnte. Diese Teste bestätigen die begrenzte Anwendbarkeit des Verfahrens für kleine klassische Maschinenbelegungsprobleme.

Einen anderen interessanten Lösungsweg haben u. a. PIEHLER [42] und SEIFFART [48] beschritten. Sie wandeln ein Maschinenbelegungsproblem in ein *Rundfahrtproblem* um und nutzen so die etwas günstigere Lösungssituation für derartige Aufgaben aus.

Unter den heuristischen deterministischen Näherungsverfahren sind vornehmlich *Eröffnungsverfahren* zu nennen. Sie arbeiten meistens mit gewissen Prioritätsregeln, die festlegen, unter welchen Gesichtspunkten für eine Maschine der nächste zu bearbeitende Auftrag unter den wartenden Aufträgen ausgewählt wird. So kann man z. B. den Auftrag mit dem frühesten Fertigstellungstermin oder mit der geringsten Bearbeitungszeit auswählen. Die Prioritätsregeln sind häufig so einfach, daß sie direkt am Arbeitsplatz eingesetzt werden können. In der Praxis erreicht man dadurch zwar keine optimalen Maschinenbelegungspläne, aber häufig recht brauchbare Ergebnisse. Die Eignung einer Prioritätsregel kann gegebenenfalls durch digitale Simulation getestet werden. *Suboptimierende Iterationsverfahren* sind für das Maschinenbelegungsproblem selten eingesetzt worden.

Erwähnt werden sollten weiterhin Versuche, Entscheidungsbaummethodiken mit heuristischen Elementen zu koppeln. So haben GROH und MÜLLER-MERBACH (vgl. [38]) Vorgehen entwickelt, die mit Prioritätsregeln arbeiten und in besonders kritischen Engpässen Entscheidungsbaumverfahren einsetzen. TERNO [51] beschreibt

ein Näherungsverfahren für das klassische Maschinenbelegungsproblem, das zur Angabe von Verbesserungen
mit dem Verfahren von JOHNSON gekoppelt wird.

Einen weitreichenden Einblick in die Problematik und
die Verfahren zur Maschinenbelegungsplanung findet man
u.a. in [38, 49].

Auch mit der Anwendung von *Simulationsverfahren*
sind schon gewisse Erfolge erzielt worden (siehe etwa
[29, 50]). Unter den möglichen Reihenfolgen werden zu-
fällig einige hundert ausgewählt, so daß zu erwarten ist,
daß sie auch besonders günstige enthalten, die als Näherungslösungen angesehen werden.

Wir wollen noch auf die Anwendung der *Bedienungs-
theorie* hinweisen, die sich anbietet, wenn man die vor
den Maschinen wartenden Aufträge als Warteschlangen
auffaßt. Jedoch ist man bei der Lösung derartiger Probleme im allgemeinen wieder auf die Simulation angewiesen.

Die Einsatzplanung bei netzplanmäßig zerlegten Pro-
jekten mit einer relativ kleinen Zahl von Aufträgen und
bei einer nicht so stark begrenzten Kapazität der Maschinen kann gegebenenfalls auch mit den Methoden der *Netz-
plantechnik* erfolgen.

Mit diesem Einblick in die Lösungsproblematik bei
speziellen diskreten Modellstrukturen haben wir keineswegs die vielfältigen praktischen und theoretischen Probleme vollständig umreißen können. Wir haben aber die
große praktische Bedeutung der diskreten Optimierung
erkannt und gesehen, daß wir bei der Modellierung diskreter ökonomischer Erscheinungen immer wieder ge-
zwungen sind, die teilweise sehr beschränkten mathematischen und rechentechnischen Möglichkeiten zu berücksichtigen.

Literaturverzeichnis

[1] Balas, E., An additive algorithm for solving linear programs with zero-one variables. Operations Res. **13** (1965) 517—546.

[2] Balas, E., Discrete programming by the filter method. Operations Res. **15** (1967) 915—957.

[3] Balinski, M. L., Fixed cost transportation problems. Naval Res. Logist. Quart. **8** (1961) 41—54.

[4] Balinski, M. L., Integer programming: Methods, uses, computation. Manag. Sci. **12** (1965) 253—313.

[5] Bank, B., Branch-and-Bound-Algorithmen für zwei Reihenfolgeprobleme. Math. Operationsforschung und Statistik **1** (1970) 217—228.

[6] Benders, J. F., Partitioning procedures for solving mixed-variables programming problems. Num. Math. **4** (1962) 238 to 252.

[7] Burkard, R. E., Methoden der ganzzahligen Optimierung. Springer-Verlag, Wien-New York 1972.

[8] Burckhardt, W., Zur Optimierung von räumlichen Zuordnungen. Ablauf- und Planungsforschung **10** (1969) 233—248.

[9] Dakin, R. J., A tree-search algorithm for mixed integer programming problems. The Computer Journal **8** (1963) 250 to 255.

[10] Dalton, R. E. and Llewellyn, R. W., An extension of the Gomory mixed-integer algorithm to mixed-discrete variables. Manag. Sci. **12** (1966) 562—575.

[11] Dantzig, G. B., Lineare Programmierung und Erweiterungen. Springer-Verlag, Berlin-Heidelberg-New York 1966.

[12] Dantzig, G. B., Fulkerson, D. R., Johnson, S. M., Solution of a large-scale traveling-salesman problem. Operations Res. **2** (1954) 393—410.

[13] Driebeek, N. J., An algorithm for the solution of mixed integer programming problems. Manag. Sci. **12** (1966) 576 to 587.

[14] Dück, W., Numerische Methoden der Wirtschaftsmathematik I. Akademie-Verlag, Berlin 1970.

[15] Dück, W., Numerische Methoden der Wirtschaftsmathematik II. Akademie-Verlag, Berlin 1973.

[16] Dück, W., Der Einflußbereich diskreter Optimierungsmethoden (ung.). Közgazdasági és Jogi Könyvkiadó, Budapest 1976.

[17] Dück, W. und Bliefernich, M. (Hrsg.), Operationsforschung, Mathematische Grundlagen, Methoden und Modelle Bd. 3. VEB Deutscher Verlag der Wissenschaften, Berlin 1972.

[18] Finkelstein, J. J., Algoritm dlja rešenija zadač celočislennogo linĕinogo programmiroranija s bulevymi peremennymi. Ekonomika i matematičeskie metody 1 (1965) 746—759.

[19] Gomory, R. E., Outline of an algorithm for integer solutions of linear programming. Bull. Amer. Math. Soc. 64 (1958) 275—278.

[20] Hadley, G., Nichtlineare und dynamische Programmierung. Verlag Die Wirtschaft, Berlin 1969.

[21] Hillier, F. S. and Connors, M. M., Quadratic assignment problem algorithms and the location of indivisible facilities. Manag. Sci. 13 (1966) 42—57.

[22] Hofstedt, K. und Thämelt, W., Über einen Algorithmus zur Lösung gemischt-ganzzahliger Optimalprobleme. Math. Operationsforschung und Statistik 2 (1971) 199—212.

[23] Johnson, S. M., Optimal two- and three-stage production schedules with setup times included. Naval Res. Logist. Quart. 1 (1954) 61—68.

[24] Judin, D. B., Golstein, E. G., Lineare Optimierung I. Akademie-Verlag, Berlin 1968.

[25] Judin, D. B., Golstein, E. G., Lineare Optimierung II. Akademie-Verlag, Berlin 1970.

[26] Kilian, R. und Matthies, W., Mathematische Methoden in Organisation und Planung. VEB Verlag Technik, Berlin 1965.

[27] Knödel, W., Graphentheoretische Methoden und ihre Anwendungen. Springer-Verlag, Berlin-Heidelberg-New York 1969.

[28] Korbut, A. A., Finkelstein, J. J., Diskrete Optimierung. Akademie-Verlag, Berlin 1971.

[29] Koxholt, R., Die Simulation — ein Hilfsmittel der Unternehmensforschung. R. Oldenbourg-Verlag, München 1967.

[30] KREKÓ, B., Optimierung — Nichtlineare Modelle. VEB Deutscher Verlag der Wissenschaften, Berlin 1974.

[31] KREUZBERGER, H., Ein Näherungsverfahren zur Bestimmung ganzzahliger Lösungen bei linearen Optimierungsproblemen. Ablauf- und Planungsforschung 9 (1968) 137—152.

[32] LAND, A. H., DOIG, A. G., An automatic method of solving discrete programming problems. Econometrica 28 (1960) 497—520.

[33] LAWLER, E. L. and WOOD, D. E., Branch-and-bound methods: A survey. Operations Res. 14 (1966) 699—719.

[34] LITTLE, J. D. C., MURTY, K. G., SWEENEY, D. W., KAREL, C., An algorithm for the travelling salesman problem. Operations Res. 11 (1963) 972—989.

[35] LOMMATZSCH, K., DOMES, H., 0-1-Optimierung als Aufgabe der dynamischen Optimierung. XII. Internat. Wiss. Koll. TH Ilmenau 1967, Heft 1 (Wirtschaftsmathematik), 101 bis 106.

[36] MANNE, A. S., On the job-shop scheduling problem. Operations Res. 8 (1960) 219—223.

[37] MILLER, C. E., TUCKER, A. W. and ZEMLIN, R. A., Integer programming formulation of traveling salesman problems. J. Assoc. comput. Machin 7 (1960) 326—329.

[38] MÜLLER-MERBACH, H., Optimale Reihenfolgen. Springer-Verlag, Berlin-Heidelberg-New York 1970.

[39] MÜLLER-MERBACH, H., Operations Research. Verlag Franz Vahlen, Berlin und Frankfurt 1970.

[40] MUTH, J. F., THOMPSON, G. L. (Hrsg.), Industrial scheduling. Englewood Cliffs, N. J., Prentice Hall 1963.

[41] OUYAHIA, A., Programmes linéaires à variables discrètes. Rev. fr. Rech. Opérat. 6 (1962) 55—75.

[42] PIEHLER, J., Ein Beitrag zum Reihenfolgeproblem. Unternehmensforschung 4 (1960) 138—142.

[43] PIEHLER, J., Ganzzahlige lineare Optimierung. B. G. Teubner Verlagsgesellschaft, Leipzig 1970.

[44] PIEHLER, J., Über die Verschärfung von Schnitten in der Methode von GOMORY bei der rein-ganzzahligen linearen Optimierung. Math. Operationsforschung und Statistik 1 (1970) 207—216.

[45] PIEHLER, J., SCHOCH, M., Diskrete Optimierung. In: Entwicklung der Mathematik in der DDR. VEB Deutscher Verlag der Wissenschaften, Berlin 1974.

[46] Reiter, S. and Sherman, G., Discrete Optimizing. J. Soc. industr.appl. Math. **13** (1965) 864—889.

[47] Schoch, M., Ein Erweiterungsprinzip als Konzeption zur Lösung kombinatorischer Optimierungsprobleme. Math. Operationsforschung und Statistik **1** (1970) 265—280.

[48] Seiffart, E., Verbesserung des Lösungsweges eines Reihenfolgeproblems. Fertigungstechnik und Betrieb **13** (1963) 570—572.

[49] Seiffart, E., Exakte und approximative Lösungsmöglichkeiten von Reihenfolgeproblemen. Elektron. Informationsverarb. Kybernet. **2** (1966) 123—150.

[50] Simulationsmodelle für ökonomisch-organisatorische Probleme. Schriftenreihe des Instituts für Datenverarbeitung, Berlin-Dresden 1968.

[51] Terno, J., Algorithmen für das klassische Maschinenbelegungsproblem. Math. Operationsforschung und Statistik **3** (1972) 195—201.

[52] Wagner, C. J., Ein mathematisch-ökonomisches Modell zur Standortoptimierung. Math. u. Wirtschaft **7** (1970) 83—118.

[53] Wagner, H. M., An integer linear programming model for machine scheduling. Naval Res. Logistics Quart. **6** (1959) 131—140.

[54] Weinberg, F., Einführung in die Methode Branch and Bound. Springer-Verlag, Berlin-Heidelberg-NewYork 1968.

[55] Young, R. D., A simplified primal (all-integer) integer programming algorithm. Operations Res. **16** (1968) 750—782.

Sachverzeichnis